U0061184

新雅・知識館

奇妙的
身體機器
人體運作全彩圖解

新雅・知識館

奇妙的
身體機器

人體運作全彩圖解

查理・華樂勤／著　奧雲・基德史利夫／圖　羅伯特・温斯頓／顧問

新雅文化事業有限公司
www.sunya.com.hk

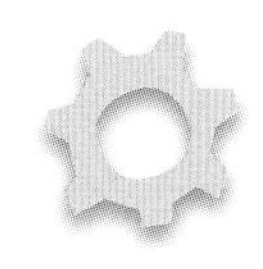

新雅 • 知識館
奇妙的身體機器 —— 人體運作全彩圖解
作　　者：查理・華樂勤（Richard Walker）
繪　　圖：奧雲・基德史利夫（Owen Gildersleeve）
顧　　問：羅伯特・溫斯頓（Robert Winston）
翻　　譯：王燕參
責任編輯：潘曉華
美術設計：陳雅琳
出　　版：新雅文化事業有限公司
香港英皇道499號北角工業大廈18樓
電話：（852）2138 7998
傳真：（852）2597 4003
網址：http://www.sunya.com.hk
電郵：marketing@sunya.com.hk
發　　行：香港聯合書刊物流有限公司
香港新界大埔汀麗路36號中華商務印刷大廈3字樓
電話：（852）2150 2100
傳真：（852）2407 3062
電郵：info@suplogistics.com.hk
版　　次：二〇一九年十二月初版

版權所有・不准翻印

ISBN:978-962-08-7368-3
Original title: My Amazing Body Machine
Copyright © 2017 Dorling Kindersley Limited
A Penguin Random House Company
Traditional Chinese Edition © 2019 Sun Ya Publications (HK) Ltd.
18/F, North Point Industrial Building, 499 King's Road, Hong Kong
Published in Hong Kong and printed in China

A WORLD OF IDEAS:
SEE ALL THERE IS TO KNOW
www.dk.com

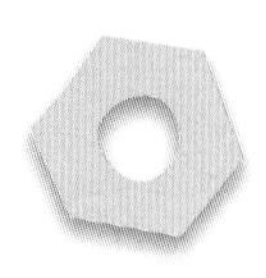
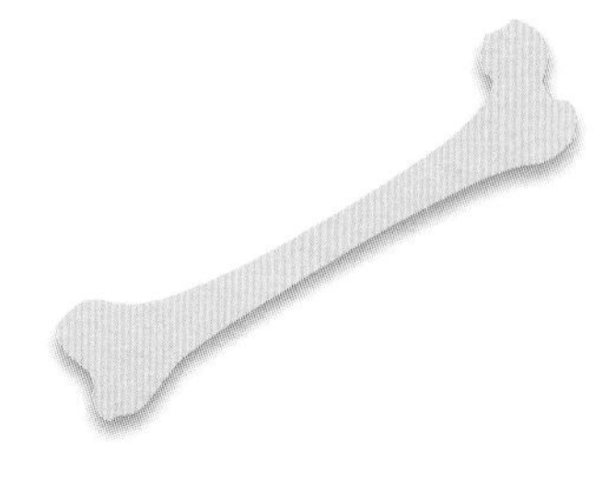

目錄

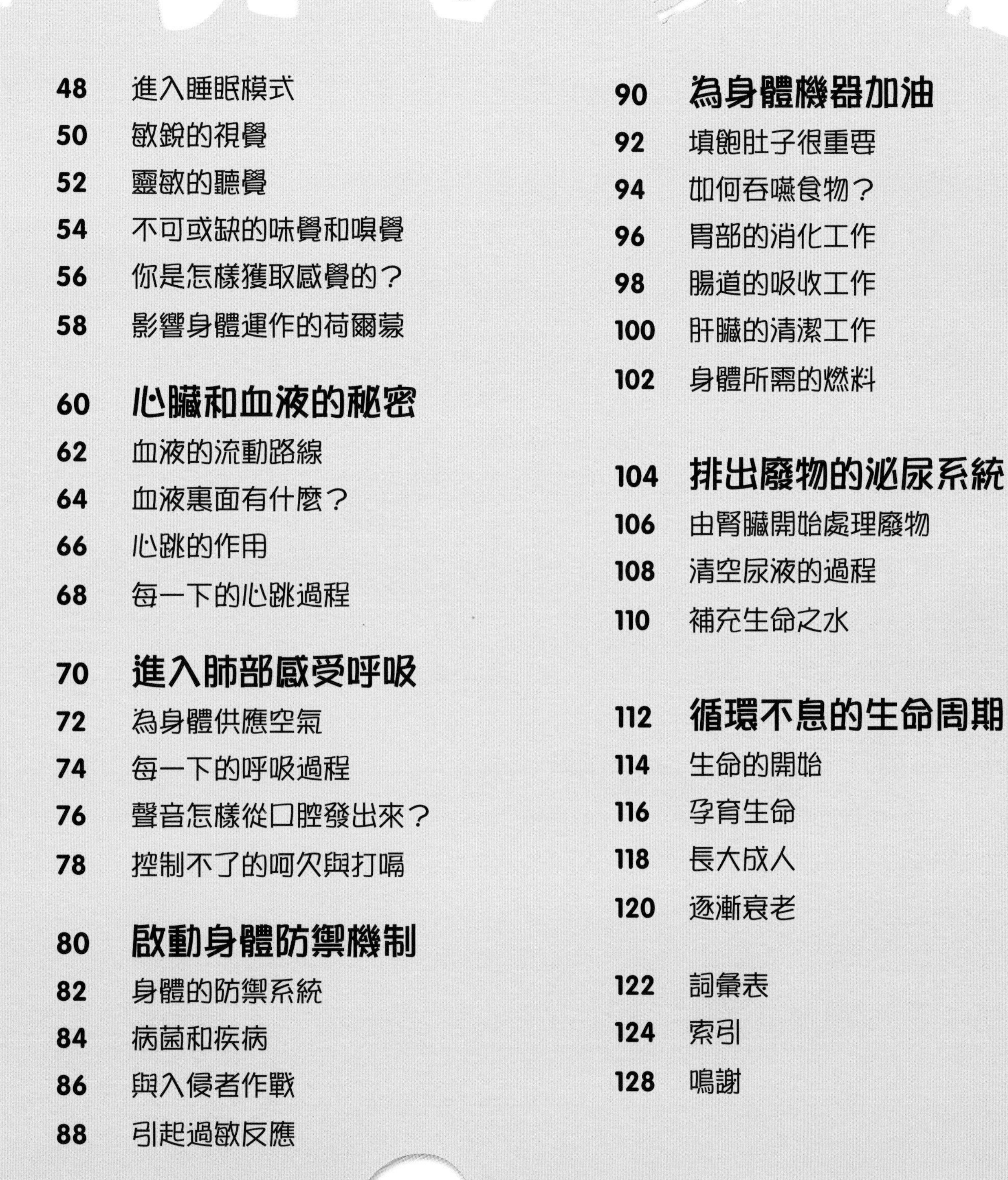

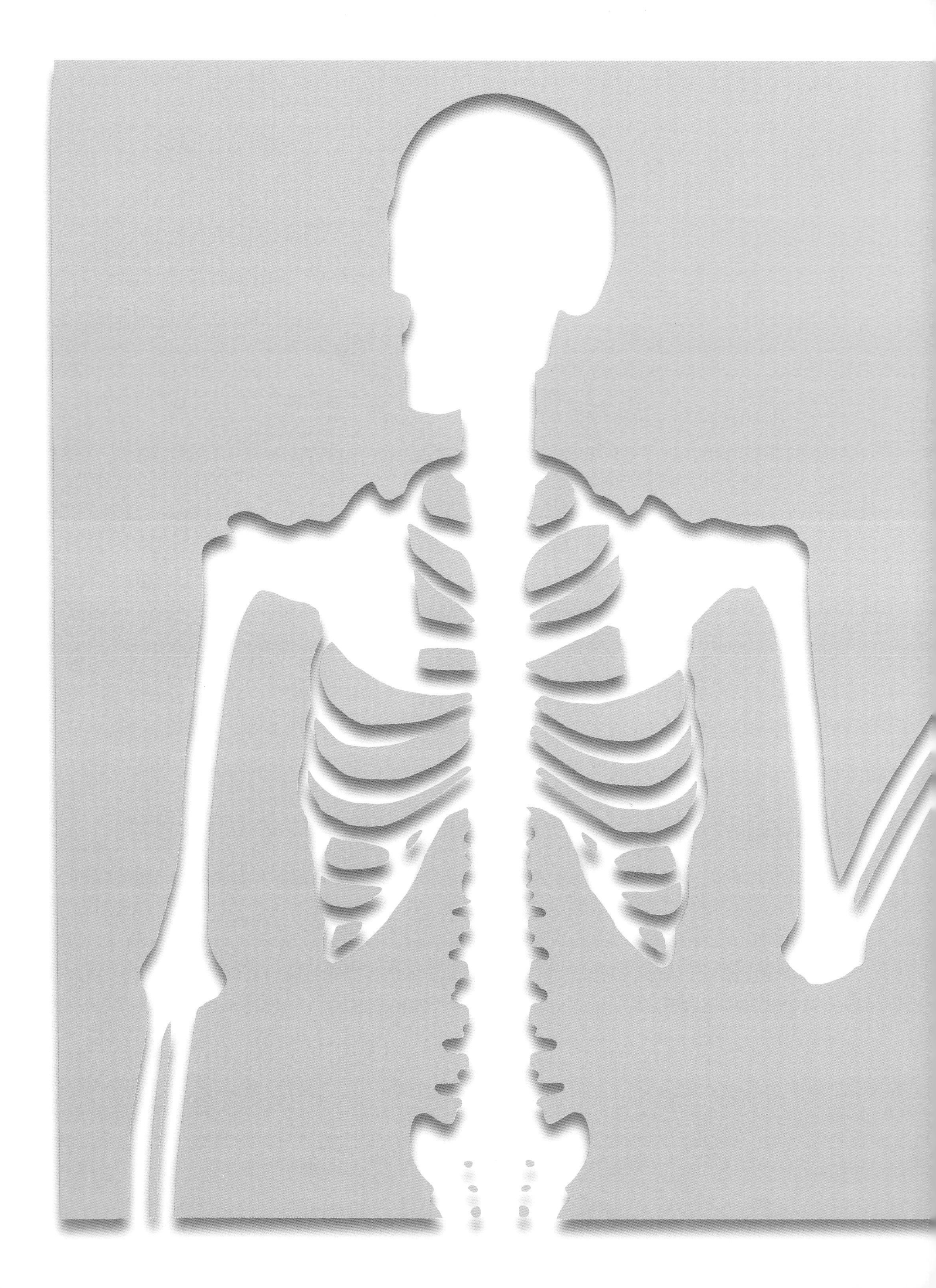

前言

你擁有一台極強大、極精密的機器。從來沒有工程師或巧匠能製造出像它一樣複雜的東西。這台機器就是你的身體。它跟其他機器不一樣，能做出最精細和最複雜的動作，而且它能感覺、思考和愛，而最大的不同之處是，它還能生長。

你的這台機器由腦部控制。腦部的結構是已知東西中最複雜的，遠比最先進的電腦的功能還要強大很多。而且每個人的腦部都是獨一無二的，使我們每一個都很特別。在這台機器內，有一顆心臟（一個只有橙一般大小的泵，卻能每分鐘抽吸大約5升的液體運行全身）日復一日，從不間斷地工作，而且通常能工作超過70年也不需要修理。沒有一個機械師能製造出像它這樣有效率的東西。

這本書就是講述有關你身體機器內的這些器官，還有其他器官。自從我上學以來，每次更深入學習這些知識的時候，它們都帶給我新的驚喜。你要小心照顧好你這台特別的機器，因為它是多麼的珍貴啊！

Robert Winston.

（羅伯特．温斯頓）

身體機器是如何建造的？

要建造一台令人驚奇的身體機器，就需要數十萬億個稱為細胞的極細小生命單位。在精細的指引下，這些細胞會組成較大的部件，然後一起工作，使你成為一個獨一無二的人。

解構生命密碼DNA

你和其他人類的DNA**與香蕉的DNA有大約50%是相同的！**

你的每一個細胞裏都含有一些「指令」，用來建構及操作你的身體機器。這些指令稱為基因。基因存在於一些稱為染色體的極微小的鏈狀體上。每個細胞核裏（或稱為控制中心）都含有46條染色體。

建造指令

染色體是由一串緊密纏繞、被稱DNA（脫氧核糖核酸）的物質所組成的。每一段DNA都由兩條鏈狀體互相纏繞而成，這種結構稱為雙螺旋。四種不同的鹼基把兩條鏈狀體連接起來。如下圖所示，每種鹼基以不同顏色標示。

DNA的兩條鏈狀體互相纏繞，就像一把扭曲的梯子。
兩條鏈狀體靠鹼基連接起來。
這是四種鹼基中的其中一種。若把很多鹼基排列在一起，就能拼出建造細胞的指令。

性別是如何決定的？

每個細胞裏都有23對染色體。其中一對染色體稱為性染色體，會決定一個人是男性還是女性。男性有一條X染色體(粉紅色)和一條Y染色體(藍色)，如右圖所示。女性則有兩條X染色體，並沒有Y染色體。

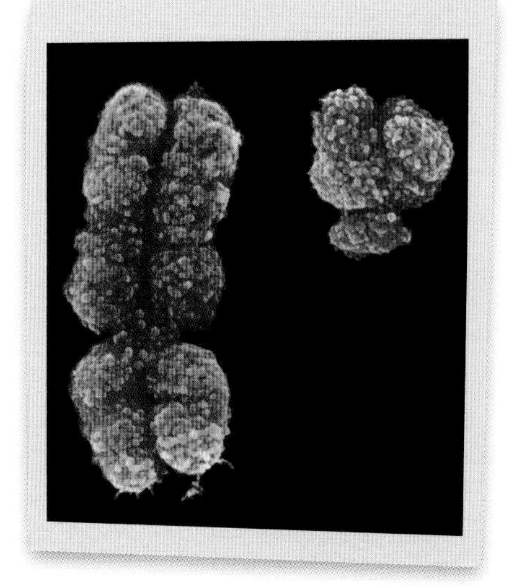

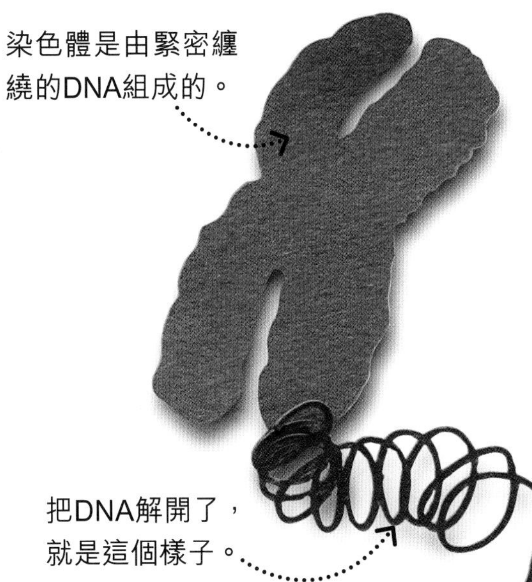

染色體是由緊密纏繞的DNA組成的。

把DNA解開了，就是這個樣子。

綠色的鹼基只能跟紅色的鹼基配對，而黃色的鹼基則只能跟藍色的鹼基配對。

若把每個細胞內的DNA解開，它大約長2.1米。

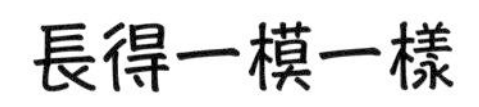

長得一模一樣

這兩個女孩是同卵雙胞胎。她們長得很相似，因為她們有相同的基因。但是，她們會各自過自己的生活，而在她們身上也會發生不同的事情，使她們發展出獨特的個性。

染色體構成獨特的你

你身體內的每一個細胞都含有一套指令，那些指令稱為基因，用來建構你的身體，使你看起來具有人的形象。它們還給你提供一個獨特的外貌特徵組合，讓你成為一個獨一無二的人。

你的嘴型

你的膚色

你有沒有雀斑

基因和遺傳

你的相貌很大程度上取決於你的基因，而基因是由父母遺傳給你的。人類的某些基因版本稍有不同，例如某個基因版本可能令你有棕色的眼睛，另一個可能令你有藍色的眼睛。你特有的基因組合，使你看起來與眾不同。本篇舉出的一些人類的外貌特徵，都是受遺傳基因所控制的。

你眼睛的顏色

你頭髮的顏色

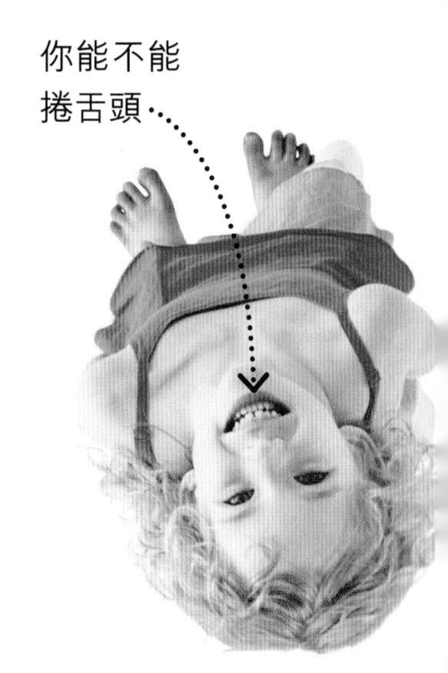
你能不能捲舌頭

你是女孩子還
是男孩子
你是鬈髮的還
是直髮的
你臉上的特徵
和比例
你的耳珠是懸垂着
還是貼着臉部

人類大約有
19,000個
基因！

遺傳給下一代

以下是基因如何遺傳給下一代的例子。假設父母雙方都有不同版本的眼睛顏色基因。孩子分別從父母身上得到一個版本的基因。如果孩子遺傳了一個或兩個棕色眼睛的基因，那麼他的眼睛就是棕色的。孩子必須遺傳到兩個藍色眼睛的基因，才會有藍色眼睛。

雖然父親和母親的眼睛都是棕色的，
但他們也有藍色眼睛的基因。

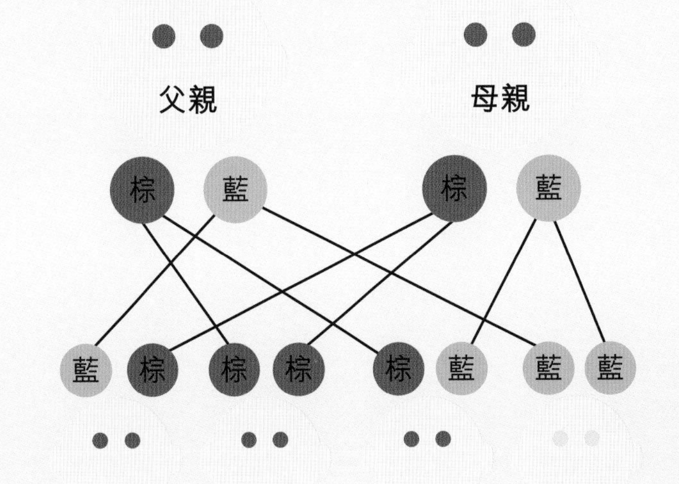
父親
母親
棕
藍
棕
藍
藍
棕
棕
棕
棕
藍
藍
藍
孩子

棕色眼睛的基因總是打敗藍色眼睛的基因，因此這個孩子有棕色眼睛。

只有在孩子擁有兩個藍色眼睛的基因下，他才會有藍色眼睛。

細胞是身體的迷你機器

你的身體是由數十萬億個稱為細胞的極細小生命單位組成的。細胞有很多不同的形狀，並且各有不同的工作。每個細胞就像一台小機器，有很多不同的部分，稱為細胞器。它們會一起工作。

液泡是一種囊狀物，能儲存細胞內的廢物和水分。

細胞核是細胞的控制中心。

溶酶體是一種含有液體的小囊狀物，能消化食物，以及吃掉細胞內的垃圾和衰老的細胞器。

高爾基體是一種細胞器，能把細胞內製造的蛋白質輸送到需要的地方。

細胞內充滿了透明的膠體狀物質，稱為細胞質。

管狀及囊狀的運輸網絡負責運送物質穿過細胞。

細胞內部

看看這個細胞的內部，你會看到它有許多不同的部分，它們各自負責不同的工作。在中間的是控制中心，稱為細胞核，它會向細胞發出指令，讓它運作暢順。

這些管狀物有助建構蛋白質，使你的身體能正常運作。

肌肉組織由稱為纖維的線狀細胞組成，它使你能走動。

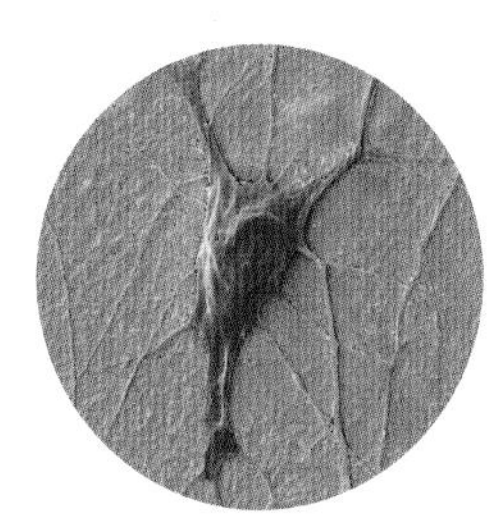

神經組織負責把信息傳送到全身。

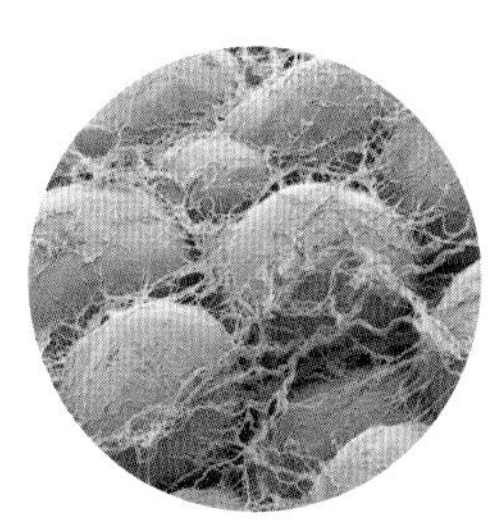

脂肪組織在你的皮膚下面。它的細胞呈圓形，能儲存能量，使你保持溫暖。

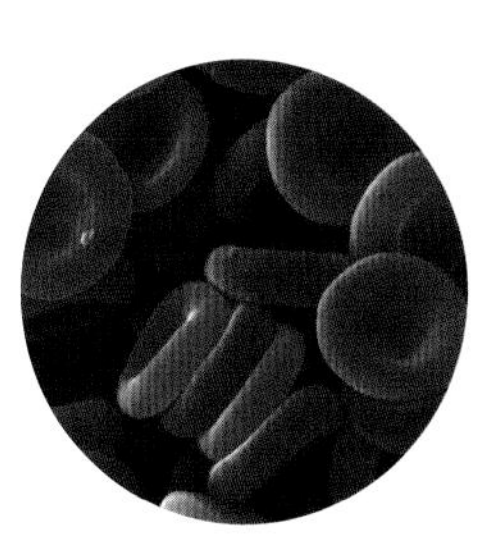

血液是一種液態組織。血液中的紅血球能把氧氣輸送到其他組織。

聚集在一起

人體的組織是指一組功能相似的細胞聚集在一起做特定的工作，例如肌肉組織、神經組織、脂肪組織和血液組織。

線粒體像小電池一樣，給細胞提供能量。

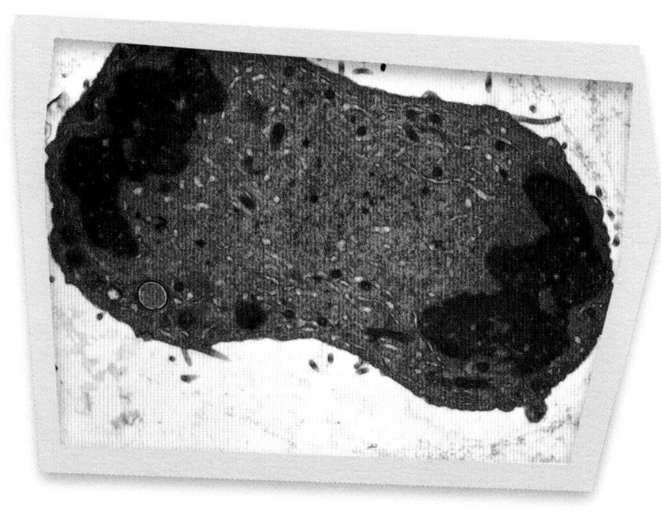

細胞分裂

細胞會分裂成兩半，以製造新的細胞。分裂成兩半的細胞會各自生長成完整大小的細胞。你的生命是由一個單細胞開始的，它一次又一次地分裂，使你的身體內有數十萬億個細胞。你的細胞仍會不斷地分裂，以取代衰老的細胞。

每一秒鐘，你的身體內都有細胞死去和誕生。

十一個重要的身體系統

你的身體是由大量活細胞組成的，它們並不是單獨地工作。具有相同功能的細胞會組成稱為組織的團隊，而不同的組織在一起則組成了一個工作單位，稱為器官，例如腦部、胃部。

身體系統

不同的器官，例如心臟和血管連在一起，就組成了一個系統。你的身體有11個系統。下圖顯示了其中9個系統，另外2個系統是表皮系統和生殖系統。系統之間需要互相配搭，才能令身體正常地運作。

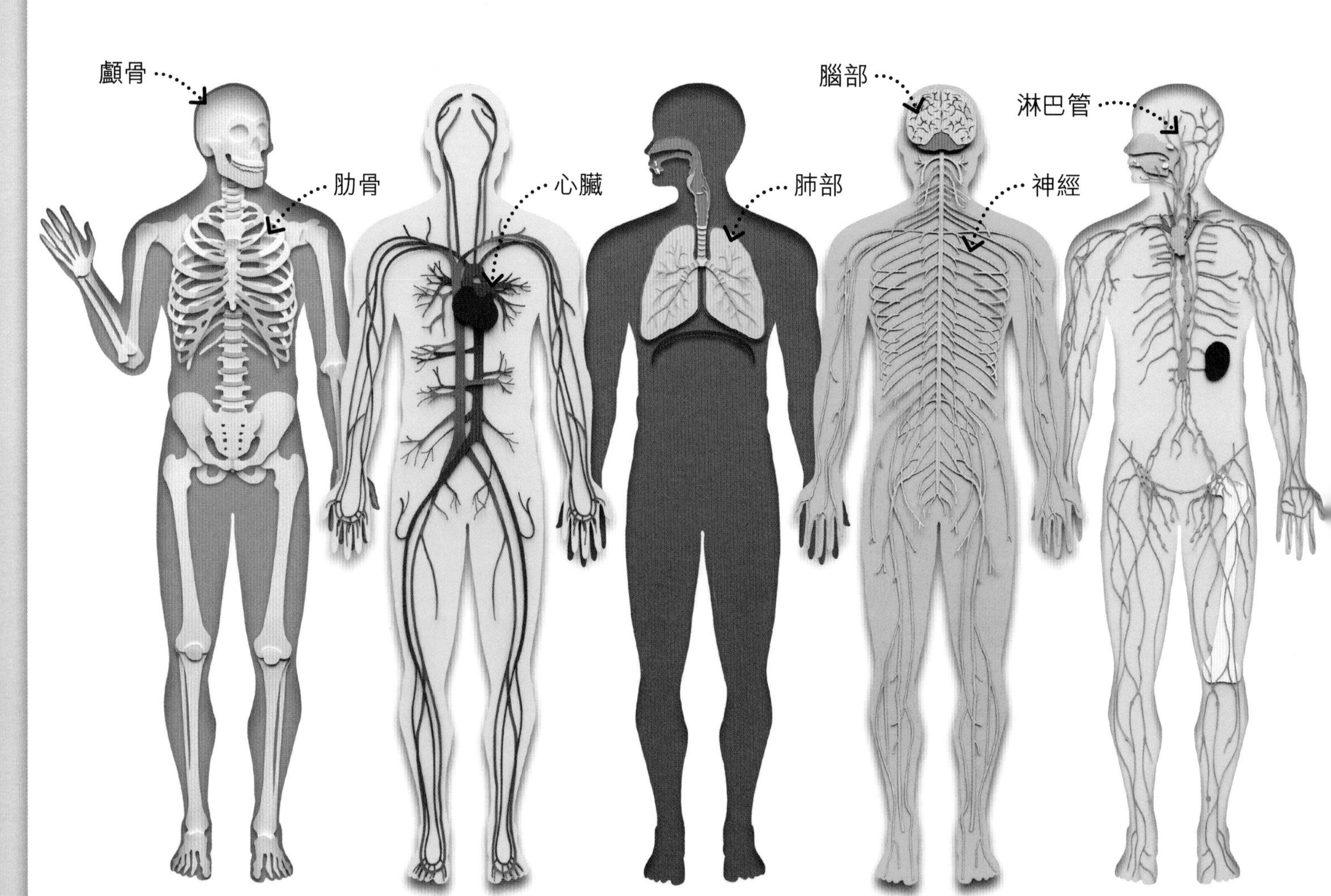
顱骨
肋骨
心臟
肺部
腦部
神經
淋巴管

骨骼系統
骨骼能支撐身體、讓身體活動，以及保護器官。

循環系統
血液從心臟泵出，透過血管把養分和氧氣輸送到身體各個組織。

呼吸系統
此系統讓我們吸入空氣，從而獲得身體細胞所需用的氧氣。

神經系統
腦部控制着你的身體。它能透過神經傳送和接收信息。

淋巴及免疫系統
淋巴管能把身體組織中的液體帶走，而防禦細胞則能把病菌殺死。

工作單位

你身體內有超過2,000個工作單位，它們稱為器官。每個器官都有特定的工作，例如：腦部控制着你的身體，使你能感覺和看見、思考和記憶；你的胃部在消化食物的過程中起了關鍵的作用。

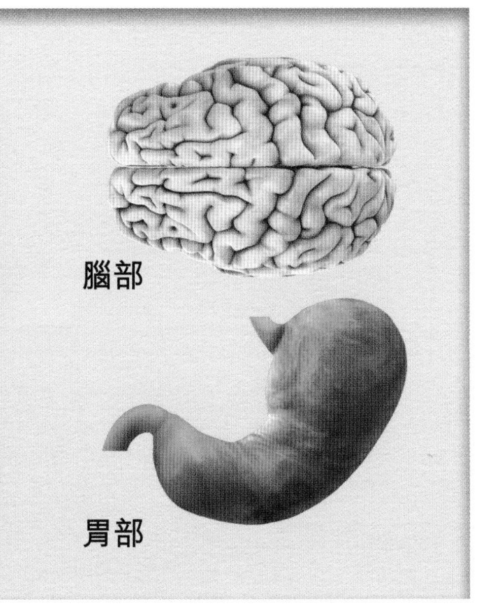

腦部
胃部

人體由接近
40萬億個細胞
組成。

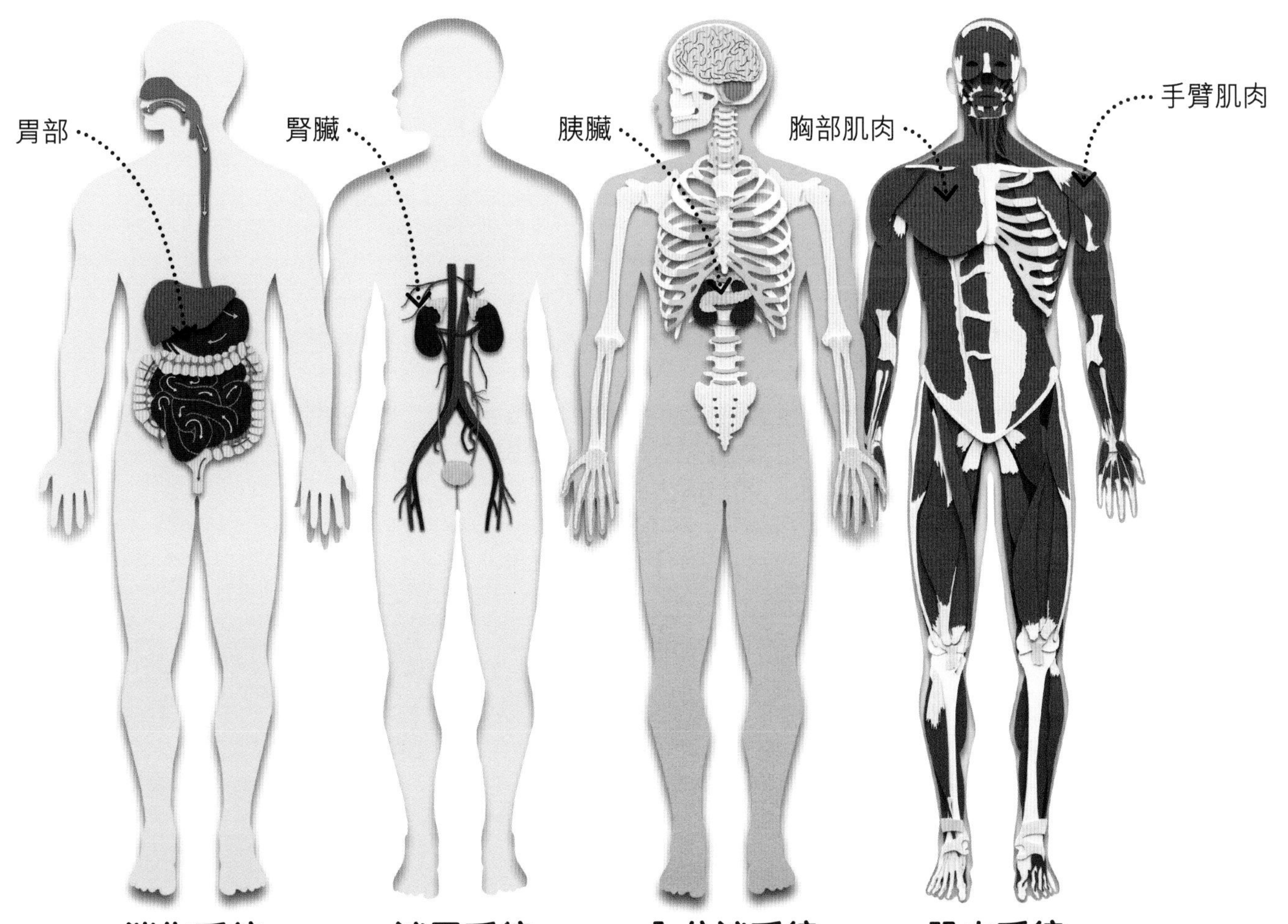

胃部
腎臟
胰臟
胸部肌肉
手臂肌肉

消化系統

它負責消化食物，從而釋放養分。人體所需的能量、生長及修復都需要養分。

泌尿系統

腎臟能過濾血液，把當中的廢物和多餘的水分隨尿液排出體外。

內分泌系統

這些腺體能分泌出一種稱為荷爾蒙的化學物質。

肌肉系統

肌肉收縮時，可以拉動骨頭，使你的身體活動起來。

以皮膚作為身體的屏障

皮膚是人體中最大的器官。它成了一道屏障，覆蓋並保護着你的身體。它能阻止病菌入侵、有助調節體温，以及讓你感受到周圍的環境。它還能保護你免受陽光的傷害，而且經常能自我修復。

皮膚的結構

你的皮膚有兩層。外面薄薄的一層稱為表皮，給身體提供了保護作用，它會不斷地被磨掉和取代。裏面的一層稱為真皮，它含有血管、神經和汗腺，幫助皮膚執行它的工作。此外，真皮層的細胞會生長，以取代表皮層被磨掉的細胞。

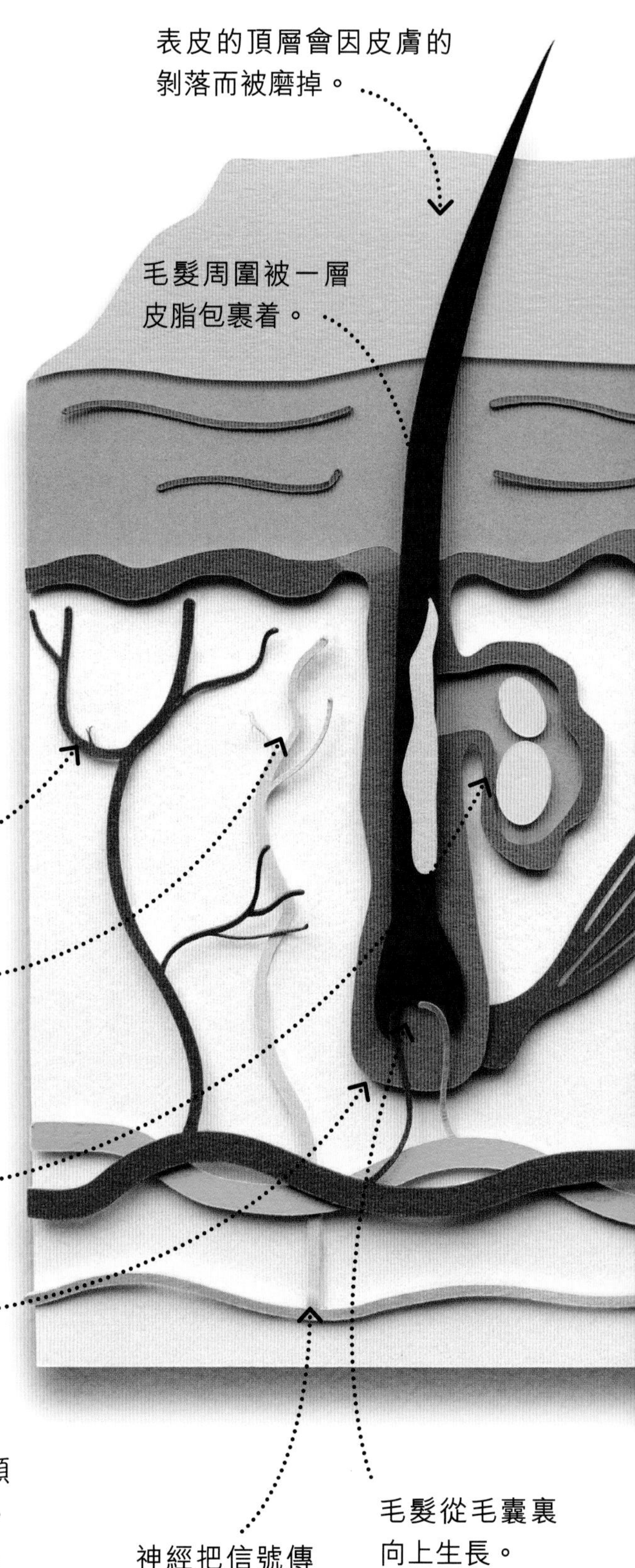
表皮的頂層會因皮膚的剝落而被磨掉。
毛髮周圍被一層皮脂包裹着。
皮膚表面附近有許多小血管，稱為微絲血管。
神經末梢可以感知到觸碰、冷熱和疼痛的刺激。
這腺體會分泌一種油性混合物，稱為皮脂。皮脂能令皮膚和毛髮變得柔軟。
毛髮是從毛囊裏長出來的。
神經把信號傳送到腦部。
毛髮從毛囊裏向上生長。

頭髮

這張特寫圖片展示了覆蓋着你頭部的十萬根頭髮中的其中兩根。每根頭髮都是由死細胞做成的，像一根柔韌的線。頭髮能保護你頭部的皮膚，免受陽光的傷害。

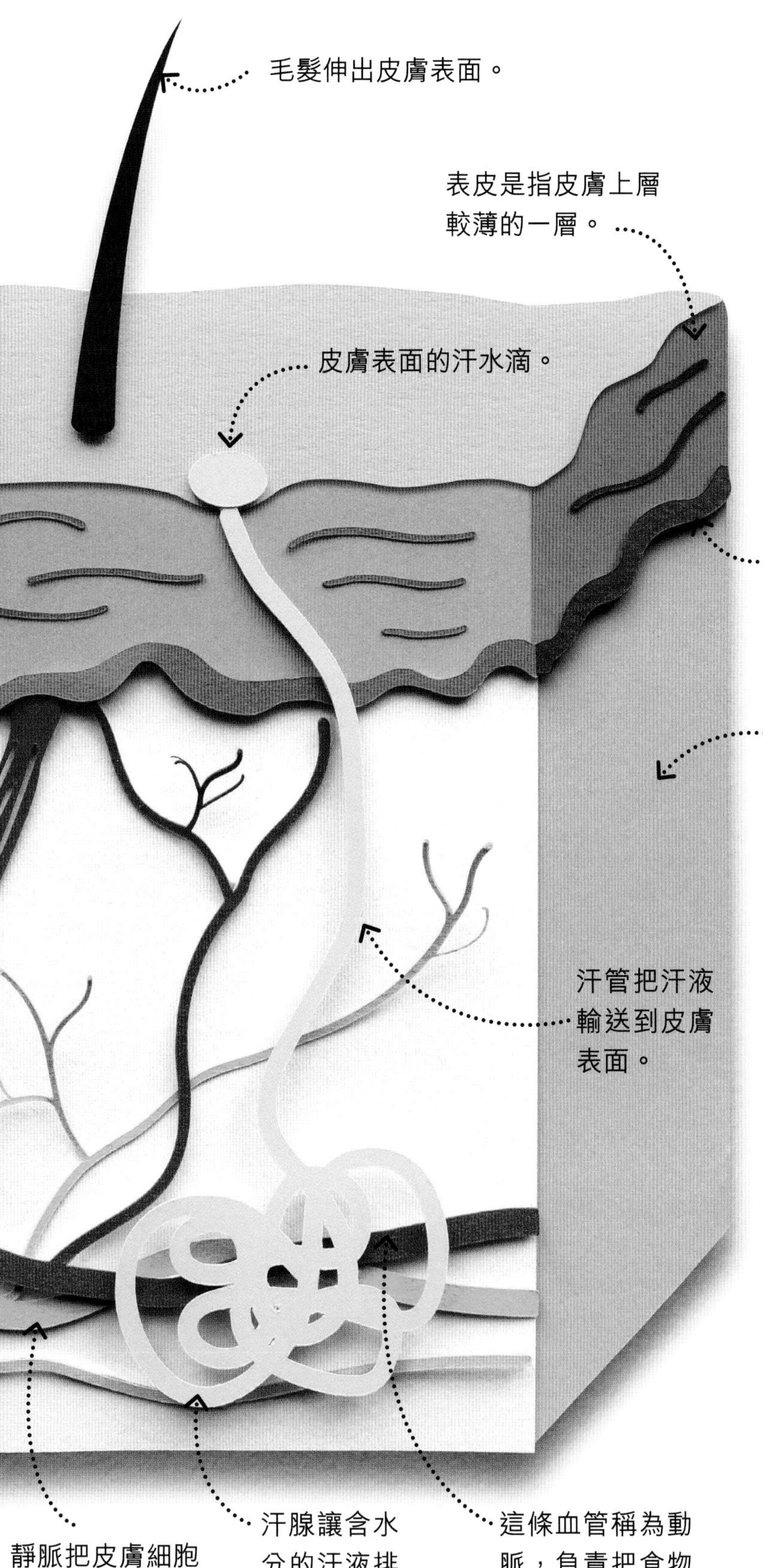
毛髮伸出皮膚表面。
表皮是指皮膚上層較薄的一層。
皮膚表面的汗水滴。
表皮的下層能製造新的皮膚細胞。
真皮是指皮膚下層較厚的一層。
汗管把汗液輸送到皮膚表面。
靜脈把皮膚細胞裏的廢物帶走。
汗腺讓含水分的汗液排出來，有助冷卻身體。
這條血管稱為動脈，負責把食物和氧氣輸送到皮膚細胞。

你身體
最厚的皮膚是在
手掌和腳底。

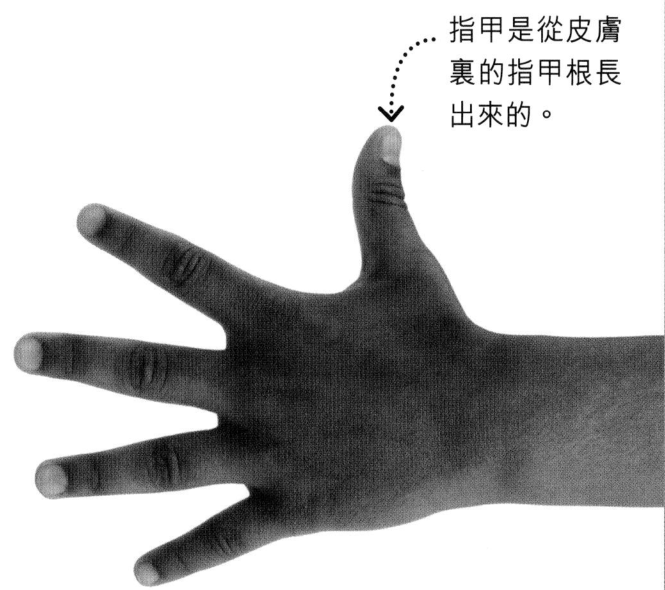
指甲是從皮膚裏的指甲根長出來的。

指甲

這些堅硬的物質能保護你敏感的指尖。此外，指甲也可以幫助你抓起一些小物件。當你剪指甲時，它不會受傷，因為它跟頭髮一樣，都是由死細胞做成的。

分工合作的身體

你身體的細胞、組織、器官和系統並不是分開工作的。為了建構你這台奇妙的機器，並使它順利運作，它們日以繼夜地每一秒都在一起工作，互相配合。

身體部位

你的身體有成千上萬個部位，它們各有不同的功能，並且會一起合作，使你的身體可以存活，並且有效率地運作。下面介紹你身體的一些主要部位。

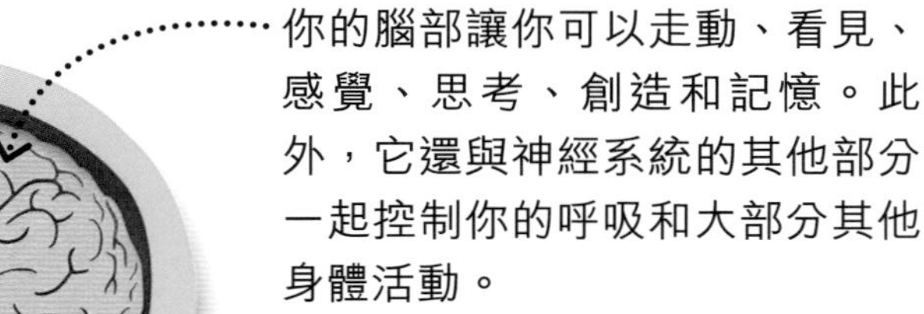

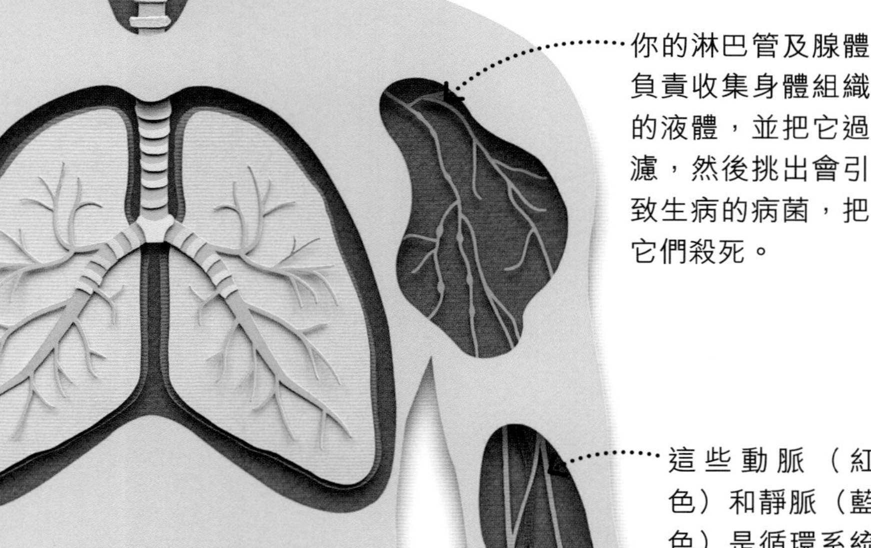

你的腦部讓你可以走動、看見、感覺、思考、創造和記憶。此外，它還與神經系統的其他部分一起控制你的呼吸和大部分其他身體活動。

位於頸部的甲狀腺是內分泌系統的一部分，它會分泌一種稱為荷爾蒙的化學物質，有助控制你身體的生長及所需的能量。

你的淋巴管及腺體負責收集身體組織的液體，並把它過濾，然後挑出會引致生病的病菌，把它們殺死。

你的肺部吸進空氣，並使氧氣進入血液。氧氣透過血液被運送到你的細胞，釋放出能量，使你存活。

這些動脈（紅色）和靜脈（藍色）是循環系統的一部分。循環系統能把血液輸送到全身。

腸道是消化系統的一部分，它能把食物分解成小塊，給你的細胞提供能量、生長和修復所需的養分。

皮膚是一層堅韌且防水的組織，它覆蓋着你的身體，保護你的身體免受病菌和陽光的侵害。它還有助保持你的身體温暖。

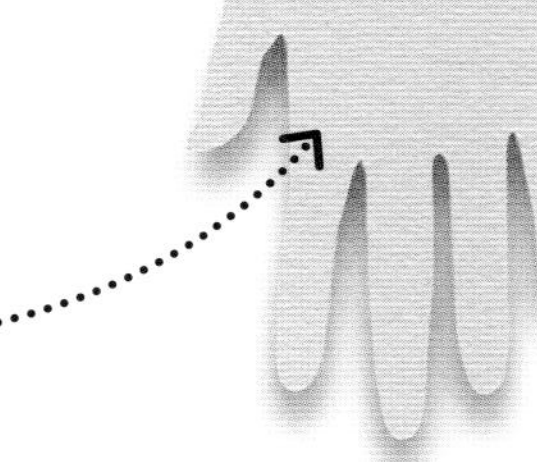

建構身體

你的身體是由稱為元素的基本物質組成的。最常見的元素有氧、碳、氫、氮、鈣和磷。其他元素還包括鈉、氯和鐵。元素通常會結合在一起，例如：氧和氫結合成為水。

碳是建構你身體內大分子的主要元素；它也是形成鑽石的元素。

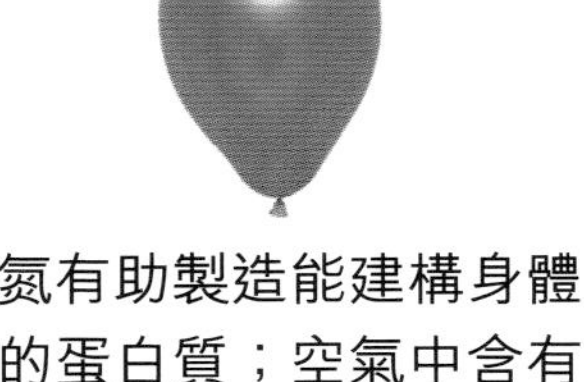

氮有助製造能建構身體的蛋白質；空氣中含有大量的氮。

鈣有助骨骼成長，以及令肌肉活動；在粉筆中也能找到鈣。

磷能令牙齒和骨頭變得強壯；在火柴中也能找到磷。

鈉和氯結合成鹽，鹽是血液的關鍵成分。

鐵有助製造能輸送氧氣的紅血球；在鐵釘中也能找到鐵。

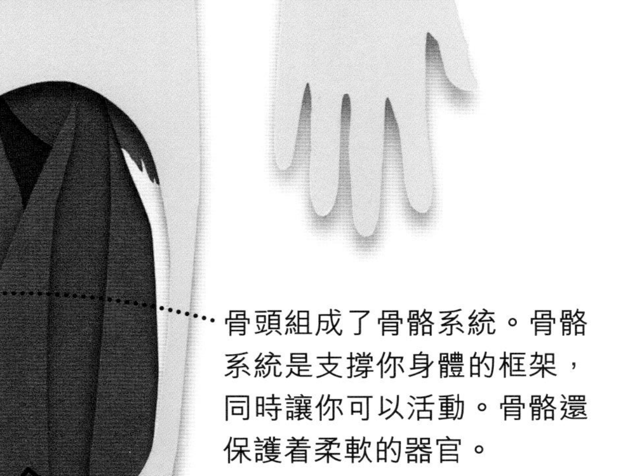

骨頭組成了骨骼系統。骨骼系統是支撐你身體的框架，同時讓你可以活動。骨骼還保護着柔軟的器官。

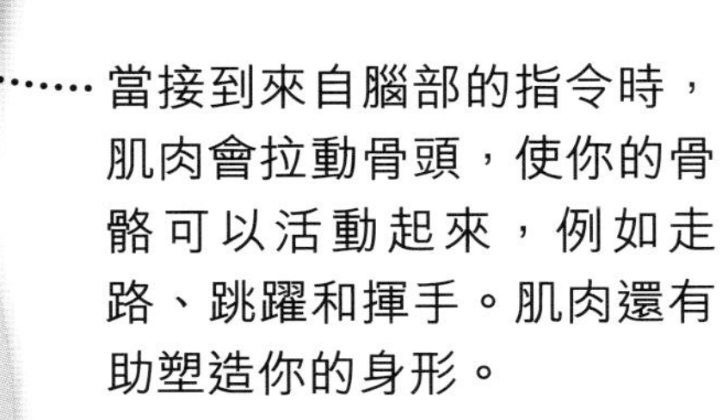

當接到來自腦部的指令時，肌肉會拉動骨頭，使你的骨骼可以活動起來，例如走路、跳躍和揮手。肌肉還有助塑造你的身形。

水是身體最重要的物質，你的體重**超過一半**來自於水。

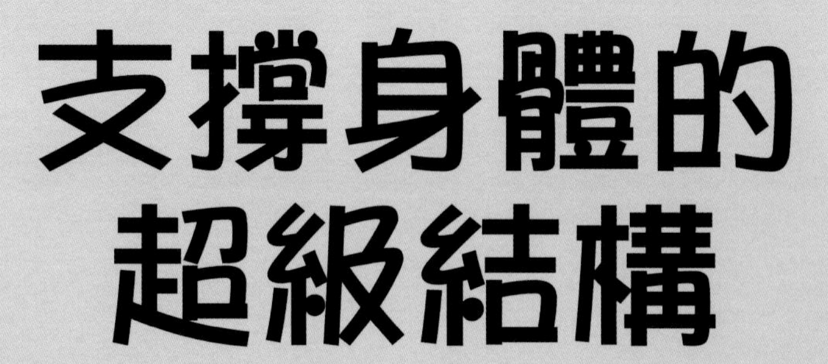

支撐身體的超級結構

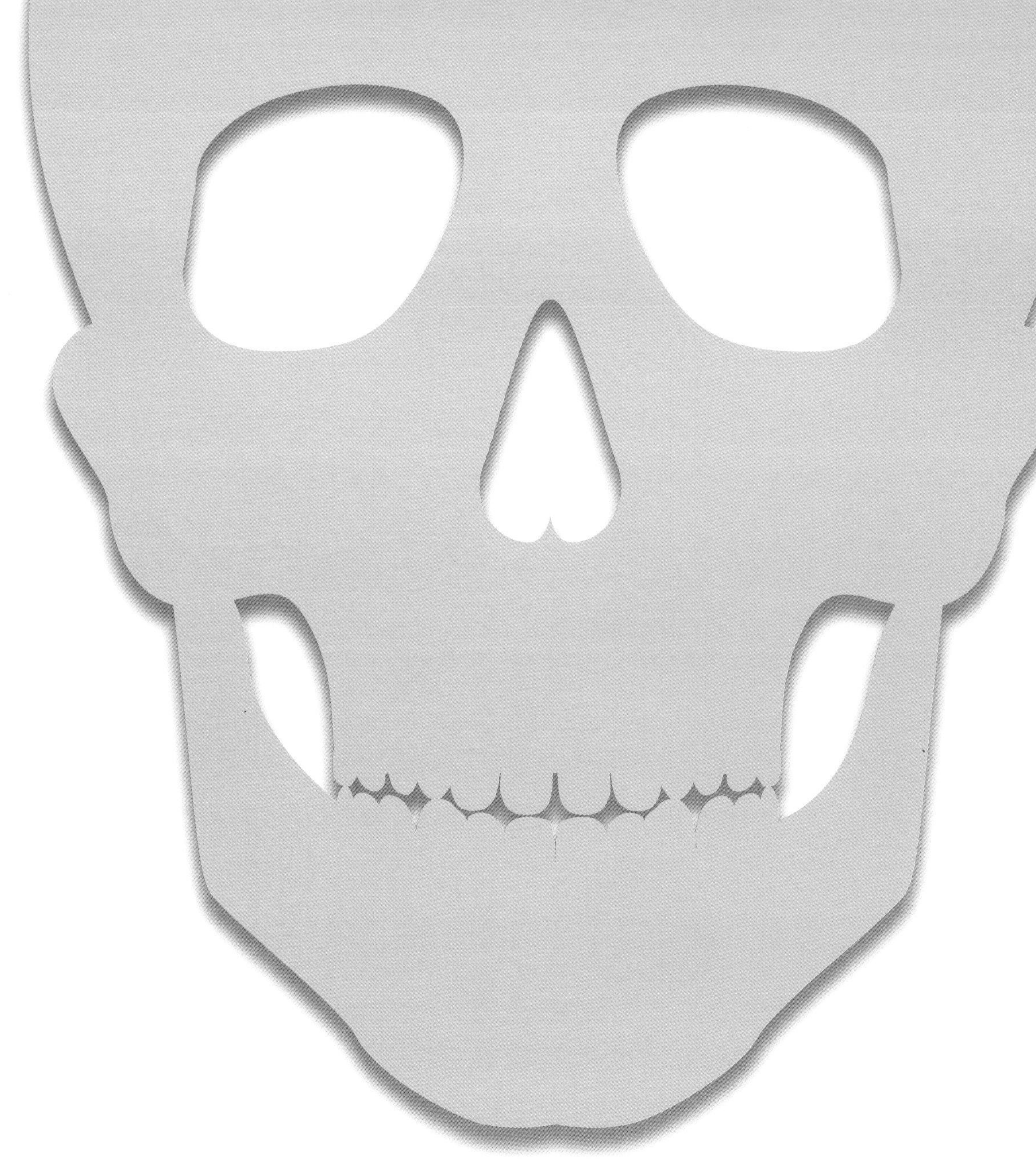

如果沒有強壯的骨骼和強大的肌肉，你的身體就會倒塌成一堆。這些超級結構結合起來塑造出你的身形、支撐着你的身體、保護你的內部器官，以及讓你可以做出各種各樣的動作 —— 從微笑到踢球都可以。

強大的身體框架

如果沒有了骨骼，你的身體就會倒塌成一堆！這個靈活的框架支撐着你的身體，並且塑造出你的身形。它還讓你可以活動，以及保護着你的器官。

骨架

你的骨頭是由關節連接起來的，使你的身體可以自由活動。你身體內超過一半的骨頭是在你的手和腳內。這些骨頭幫助你做出各種複雜的動作，例如握筆。

一個成年人有**206塊骨頭**，但你剛出生時有**超過300塊骨頭**。

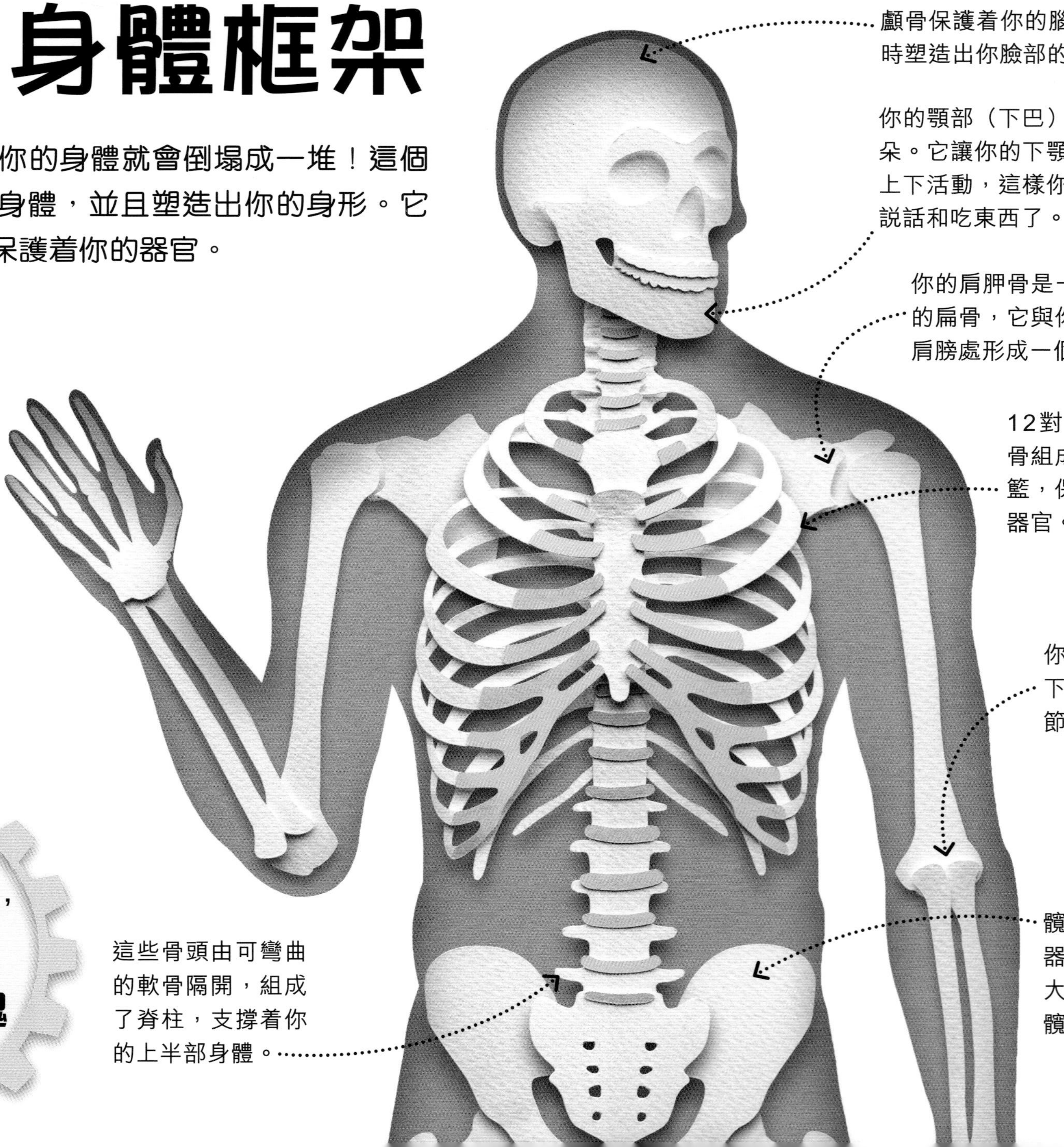

顱骨保護着你的腦部，同時塑造出你臉部的輪廓。

你的顎部（下巴）靠近耳朵。它讓你的下顎骨可以上下活動，這樣你就可以説話和吃東西了。

你的肩胛骨是一塊呈三角形的扁骨，它與你的上臂骨在肩膀處形成一個關節。

12對呈弧形的肋骨組成了一個肋骨籃，保護着胸部的器官。

你的上臂骨和下臂骨在肘關節處相遇。

髖骨支撐着器官，並與大腿骨構成髖關節。

這些骨頭由可彎曲的軟骨隔開，組成了脊柱，支撐着你的上半部身體。

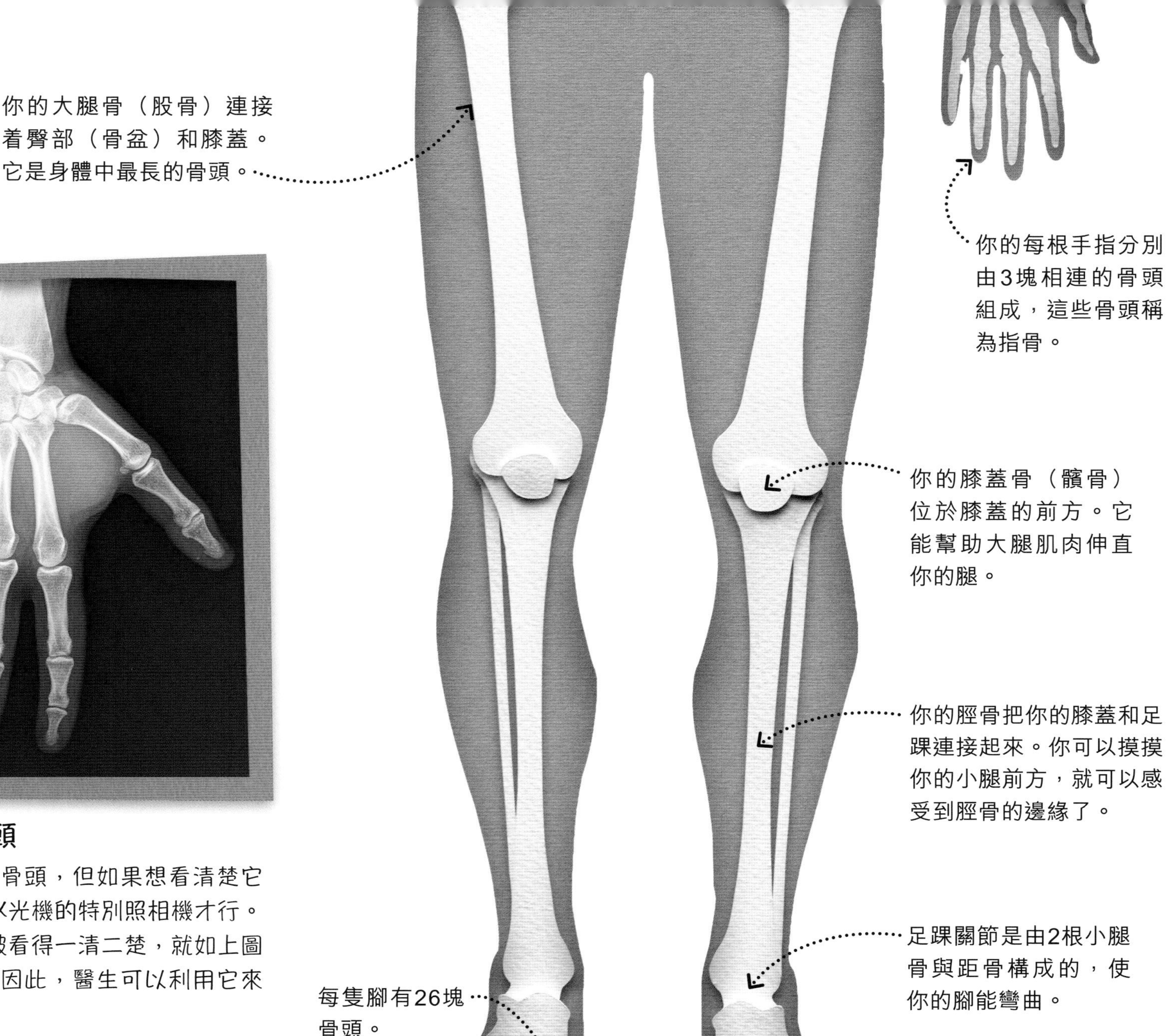
你的大腿骨（股骨）連接
着臀部（骨盆）和膝蓋。
它是身體中最長的骨頭。
你的每根手指分別
由3塊相連的骨頭
組成，這些骨頭稱
為指骨。
你的膝蓋骨（髕骨）
位於膝蓋的前方。它
能幫助大腿肌肉伸直
你的腿。
你的脛骨把你的膝蓋和足
踝連接起來。你可以摸摸
你的小腿前方，就可以感
受到脛骨的邊緣了。
足踝關節是由2根小腿
骨與距骨構成的，使
你的腳能彎曲。
每隻腳有26塊
骨頭。

藏在皮膚裏的骨頭

你能感覺到皮膚裏的骨頭，但如果想看清楚它們，就要用一種稱為X光機的特別照相機才行。骨頭透過X光機可以被看得一清二楚，就如上圖所顯示的手骨一樣，因此，醫生可以利用它來檢查是否有骨折。

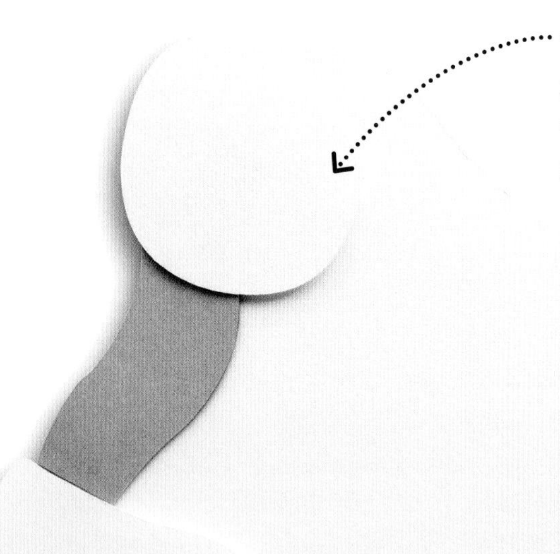

骨頭較闊的末端主要是由海綿骨(又稱鬆質骨)組成的。它與另一根骨頭形成一個關節。

在骨頭裏面

密質骨的外層使骨頭變得堅硬，例如下面這根大腿骨。它包圍着海綿骨，儘管海綿骨的名字會讓你覺得它是軟綿綿的，但事實上並不是這樣，它是輕盈而強壯的。此外，許多骨頭的中間都填滿了啫喱般的骨髓。

透視骨頭的結構

假如你的骨頭是實心的，你就會因身體太重而無法活動。如果你把一根骨頭切開來看，就會看到它有實心的部分也有空心的部分。所有的骨頭都有着相同的特殊結構。一方面，它們要足夠輕，使你不會負荷太重；另一方面，它們要足夠強壯，才能支撐住你的身體。

長骨的骨幹連接着骨頭的兩端。它主要由密質骨和骨髓組成。

造血工廠

左面的圖片是骨髓的特寫圖片。骨髓是一種位於許多骨頭裏的組織，可以製造新的血細胞，以取代衰老的血細胞。左圖中的紅點就是紅血球。

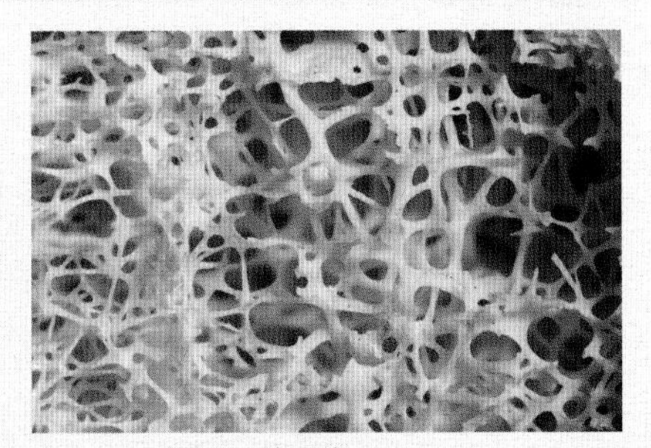

海綿骨

金屬拱形建築物

超級結構

海綿骨的強度，是來自它擁有桿狀或柱狀組織互相交錯在一起而形成的蜂巢狀結構。這種十字交錯的圖案已被複製運用在建築物結構上，例如左圖中的拱形建築物。

密質骨覆蓋着骨頭的外部。它是由細小的桿狀物質組成的，使它變得強壯和堅硬。

骨頭中央填滿了骨髓。骨髓能製造血細胞，成為血液。

海綿骨中的空隙也含有骨髓。

保護骨頭的堅韌「皮膚」稱為骨膜。它與肌腱一起，有助把骨頭連接到肌肉，使它可以活動。

你的骨髓每秒鐘能製造2,000,000個紅血球。

大多數骨頭的末端都填滿了海綿骨。它有很多小洞，使骨頭變得更輕。

骨頭的生長和修復

骨頭是活的器官，它含有血管、神經和骨細胞。當嬰兒還在母胎中時，就開始長出骨頭，它們會繼續生長，直到大約20歲才停止。如果骨頭裂開了，它們可以自我修復。

骨頭的生長

一開始，嬰兒的骨頭是由堅韌但有彈性的軟骨組成的。隨着骨頭的生長，軟骨會被較硬的骨頭取代，正如你從這些X光照片中所看到的一樣，隨着孩子的成長，軟骨會繼續被骨頭取代。

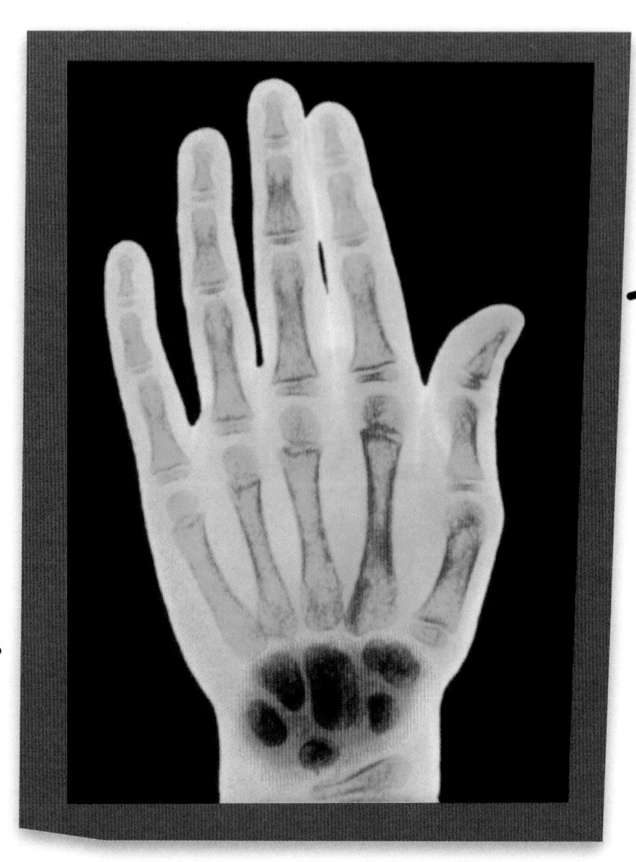

孩子7歲時

在這照片中，你可以看到隨着軟骨被骨頭取代，腕骨、掌骨和指骨正在穩定地生長。

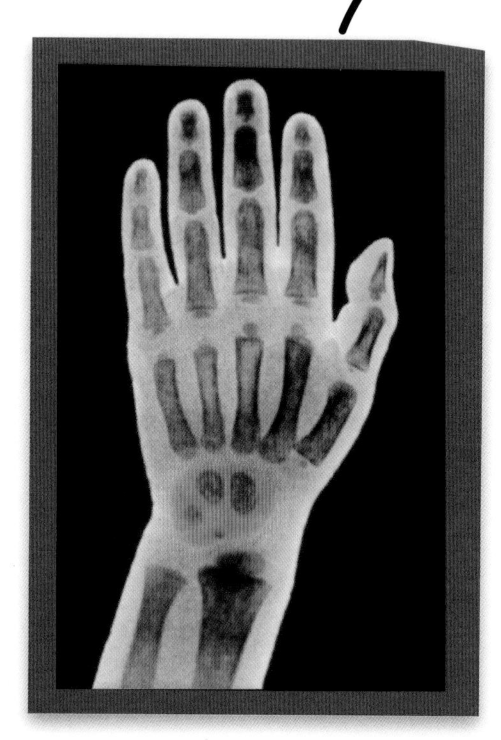

孩子2歲時

在這照片中，你可以看到腕骨（粉紅色的部分）主要是由軟骨組成的。

最常見的骨折
通常發生在**手指、手腕和足踝**。

自動修復

雖然骨頭很結實，但它們有時也會折斷或裂開。如果發生這種情況，骨頭會立即開始自我修復。經過幾個月後，它幾乎就像新的一樣。有時候，可能需要使用石膏或鋼針把骨頭固定在一起，使它們能夠正常地癒合。

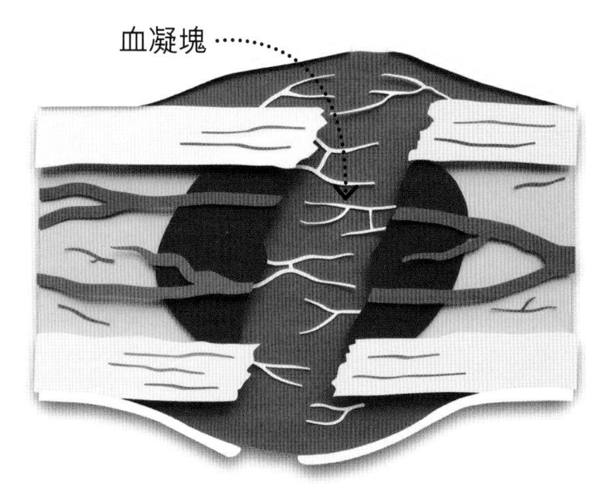
血凝塊

1至2小時

在骨折兩端之間會形成一個血凝塊，使它停止流血。接着，白血球會清除入侵的病菌。

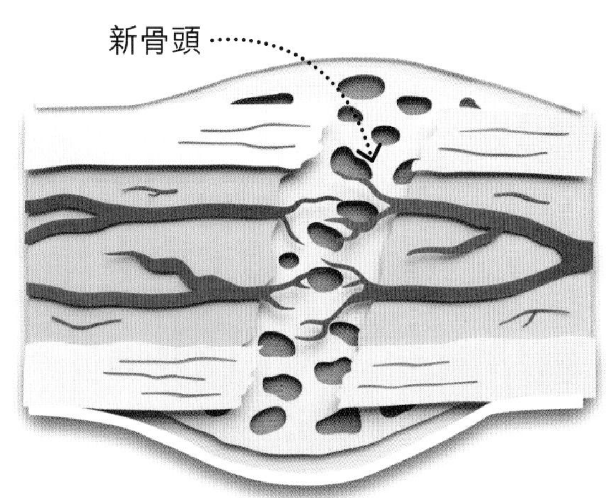
新骨頭

3星期

造骨細胞會在骨折的地方建立起一道海綿骨「橋」。這塊新造的骨頭還不能支撐重量。

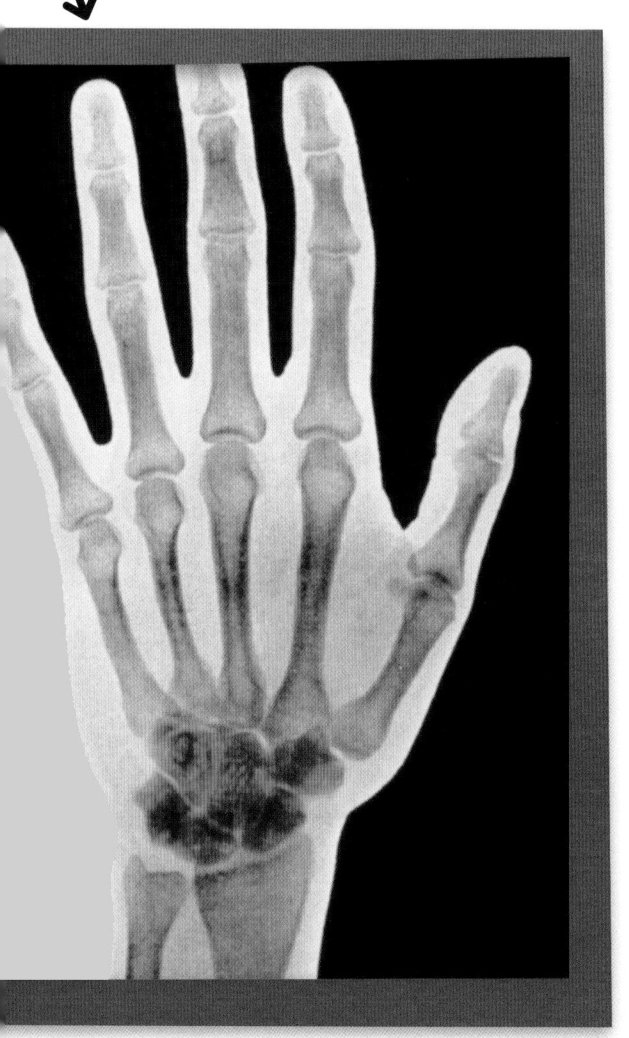

成年人的手

這隻成年人的手有8塊腕骨，還有已發育完全的掌骨和指骨。

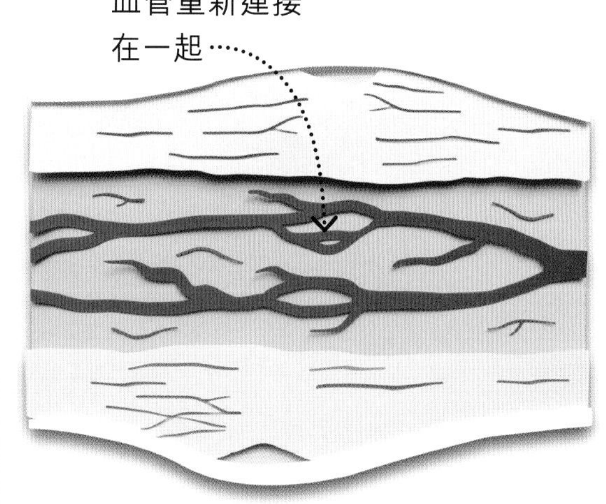
血管重新連接
在一起

3個月

骨頭已完成修復，海綿骨「橋」被堅硬的密質骨取代了。骨髓中的血管在骨折處連接起來。

重要的顱骨和脊柱

你的**頭部有29塊骨頭**，其中包括6塊聽小骨和1塊舌骨。

顱骨和脊柱是組成骨骼的重要部分。顱骨保護着你的腦部和感覺器官，以及塑造出你臉型的輪廓。顱骨位於脊柱的頂部，脊柱就像一根有彈性的柱子，使你的身體保持直立。

額骨會影響你額頭的形狀，它是保護你腦部的骨頭之一。

顱骨

你的顱骨由22塊骨頭組成。除了下顎骨之外，其餘的骨頭都被鎖在一起成為一個整體，因此你的顱骨非常穩固。顱骨其中的8塊骨頭組成了一個圓頂的腦顱，包圍並保護着你的腦部。其餘的14塊骨頭則塑造出你臉型的輪廓，以及支撐着你的牙齒。

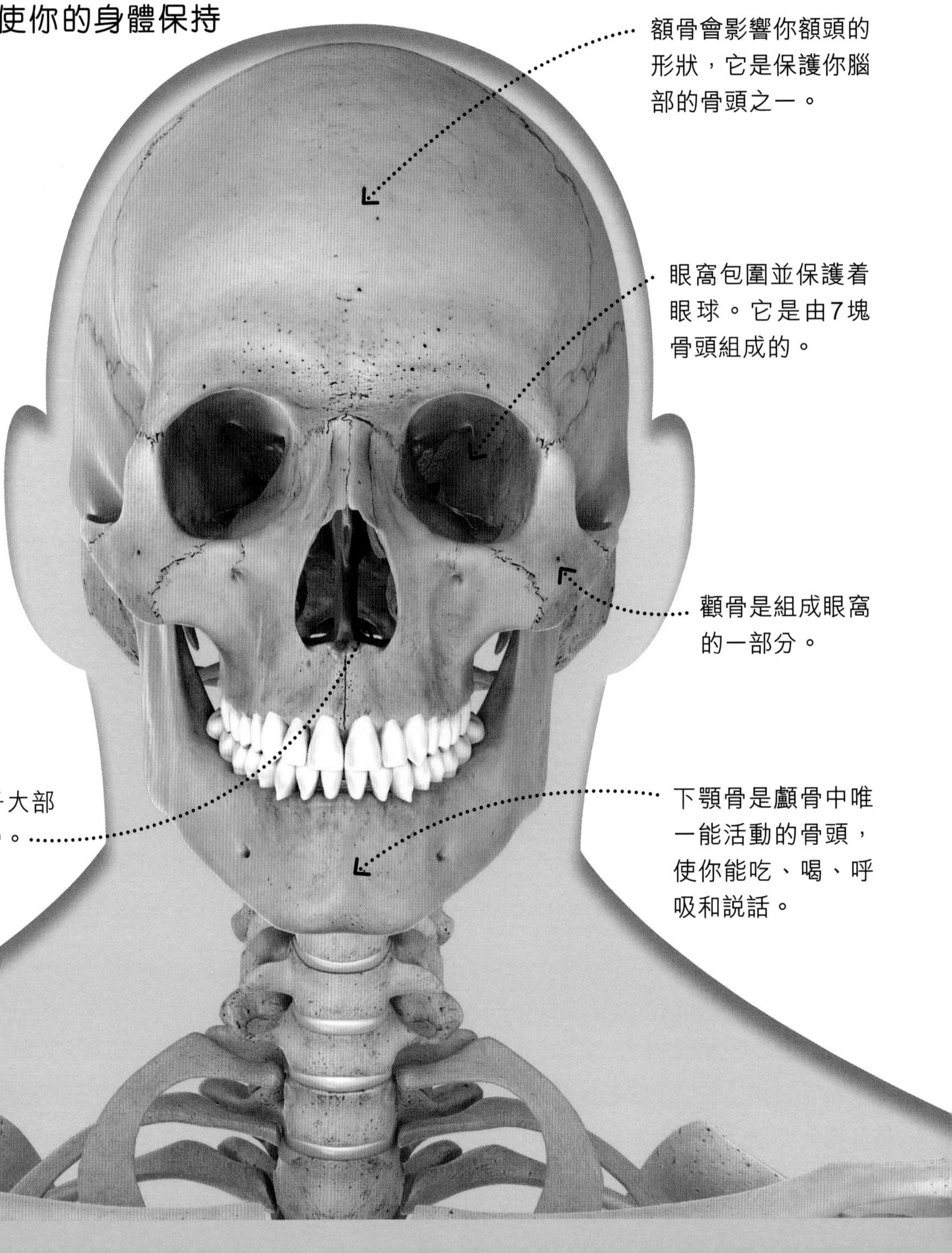

眼窩包圍並保護着眼球。它是由7塊骨頭組成的。

顴骨是組成眼窩的一部分。

你的鼻子大部分是軟骨。

下顎骨是顱骨中唯一能活動的骨頭，使你能吃、喝、呼吸和說話。

你的頭部由7塊頸椎支撐着，使你可以做出點頭、搖頭和轉頭的動作。

由柔韌軟骨組成的椎間盤坐落於每對脊椎骨之間。

12塊胸椎與肋骨形成關節，這些呈弧形的肋骨塑造出你胸部的形狀。

在你背部下方的位置有5塊較大的腰椎。這些骨頭支撐着你身體大部分的重量。

由5塊骨頭黏在一起的骶骨，把你的臀部（或骨盆）固定在脊柱的下方。

你有一條尾巴，只是它藏在你身體內！尾骨是由4塊黏在一起的小骨頭組成的。

有彈性的脊柱

你的脊柱呈S形，它是由許多形狀不規則的骨頭(稱為脊椎骨)串連起來的。每對脊椎骨之間有少許彈性。這些小小的活動度加在一起，使整條脊柱變得非常靈活，讓它可以彎曲和扭動。

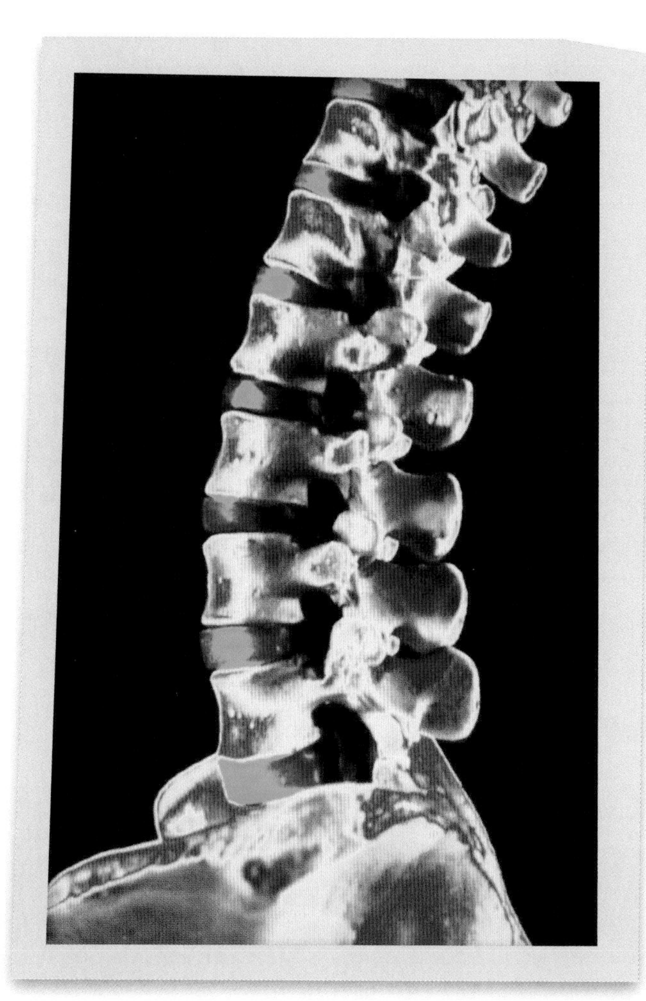

減震器

上面的X光照片顯示夾在脊椎骨之間的椎間盤(藍色 / 綠色部分)。這些椎間盤堅韌但有彈性。當你跑步或跳躍時，椎間盤會被輕微擠壓，以緩衝任何強烈的震動。

靈活的關節

關節是骨頭與骨頭連接的地方。雖然有些關節是固定不動的，但大多數關節都可以自由活動。如果沒有了關節，你的身體就會變得很僵硬，你不可能走路、跑步、揮手或活動你的腳趾。

關節的類型

你身體內的自由活動關節有幾種類型。每種類型容許某些身體部位進行不同程度的活動。活動的類型取決於兩根骨頭的末端在關節中如何配合在一起。

在這個樞軸關節中（位於脊柱的頂部），上面的骨頭圍繞着下面的骨頭轉動，使頭部可以左右搖動。

肩膀的球窩關節使你的手臂可以朝大部分方向自由活動。你每條腿的頂部也各有一個球窩關節。

在腕關節中，兩塊骨頭一凹一凸的弧形末端配合在一起，使你的手可以上下左右移動。這類關節稱為橢圓關節。

拇指上的靈活關節使它可以向任何方向傾斜，但不能扭曲。這類關節稱為鞍狀關節。

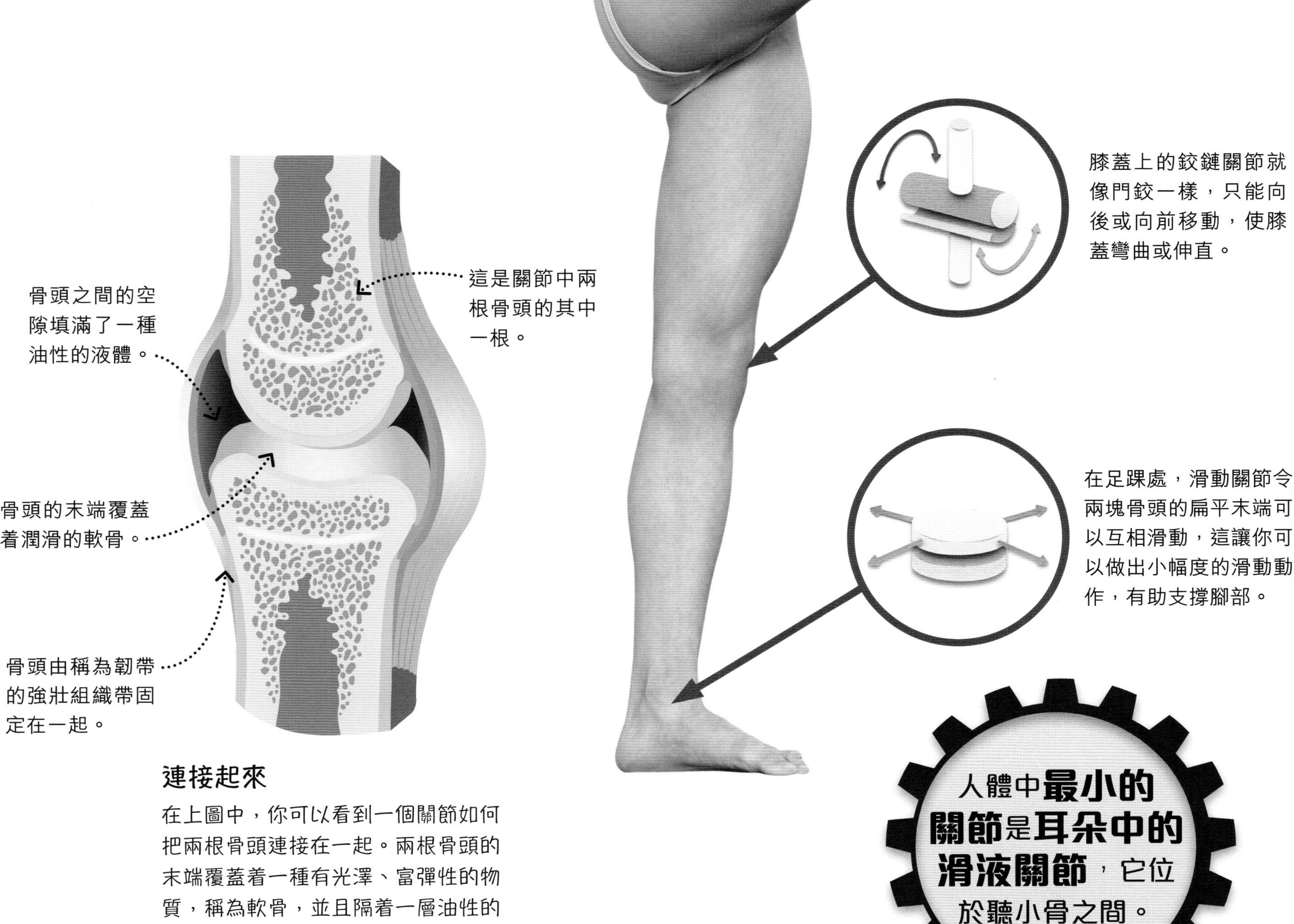
骨頭之間的空
隙填滿了一種
油性的液體。
這是關節中兩
根骨頭的其中
一根。
骨頭的末端覆蓋
着潤滑的軟骨。
骨頭由稱為韌帶
的強壯組織帶固
定在一起。
膝蓋上的鉸鏈關節就
像門鉸一樣，只能向
後或向前移動，使膝
蓋彎曲或伸直。
在足踝處，滑動關節令
兩塊骨頭的扁平末端可
以互相滑動，這讓你可
以做出小幅度的滑動動
作，有助支撐腳部。

連接起來

在上圖中，你可以看到一個關節如何把兩根骨頭連接在一起。兩根骨頭的末端覆蓋着一種有光澤、富彈性的物質，稱為軟骨，並且隔着一層油性的液體，使關節變得潤滑，讓骨頭可以活動得更順暢。

人體中最小的關節是耳朵中的滑液關節，它位於聽小骨之間。

肌肉的作用

無論是走路、說話，還是微笑，你的身體機器都在不停地活動。這些動作的發生要靠肌肉。肌肉使用食物作為燃料，使自己收縮（或變短）來拉動骨頭，從而產生不同的動作，還有些肌肉會泵血或幫助你吃東西和呼吸。

身體肌肉

使骨骼可以活動的肌肉，就一層一層的藏在你的皮膚下。在這幅人體圖上，你可以看見左面的是表面肌肉，右面的是較深層的肌肉。這裏舉出了一些肌肉的名稱，以及它們所產生的動作。人體中有超過640塊骨骼肌可以塑造出你的身形，佔了你體重的一半。肌肉與骨頭之間是靠肌腱來連接的。

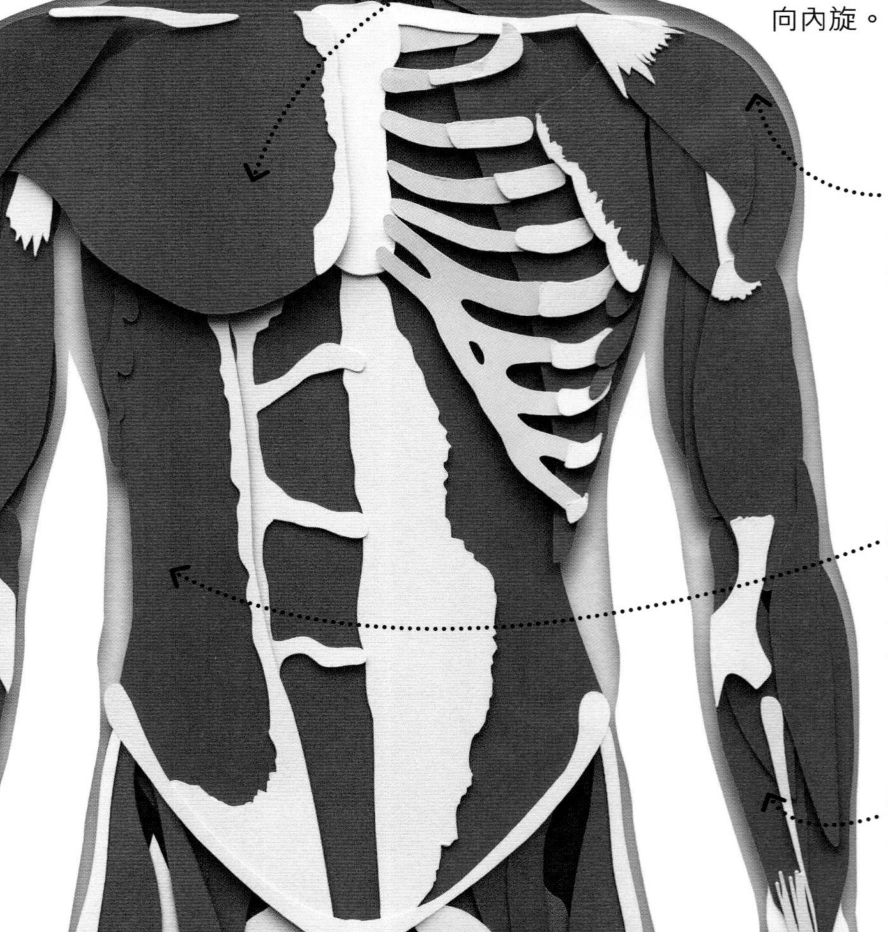
當你感到驚訝時，額肌會皺起額頭，並抬起眉毛。
嘴部周圍的肌肉使你可以閉上嘴唇，並把它們向外推，例如在親吻的時候。
這個胸肌收縮時，可以把你的手臂向前和向內拉近身體，還可以使你的手臂向內旋。
三角肌可以把你的手臂向前方、旁邊或後方抬起。
腹外斜肌使你的上半身可以扭動，並且可以向前或向兩側彎腰。
這前臂肌肉使你的手指可以彎曲。
二頭肌拉動你前臂的骨頭，使手臂可以在手肘處彎曲。

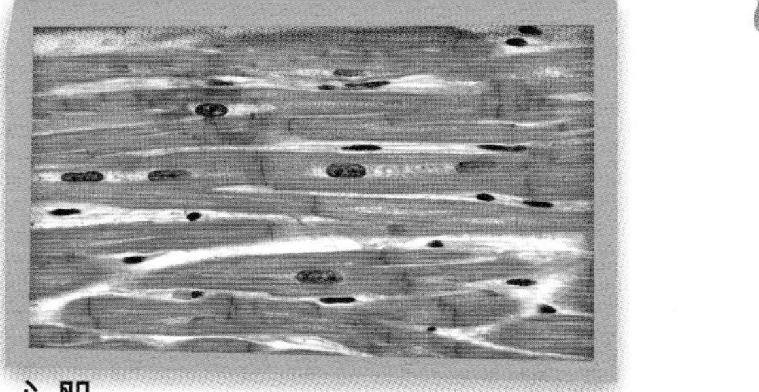

心肌

骨骼肌

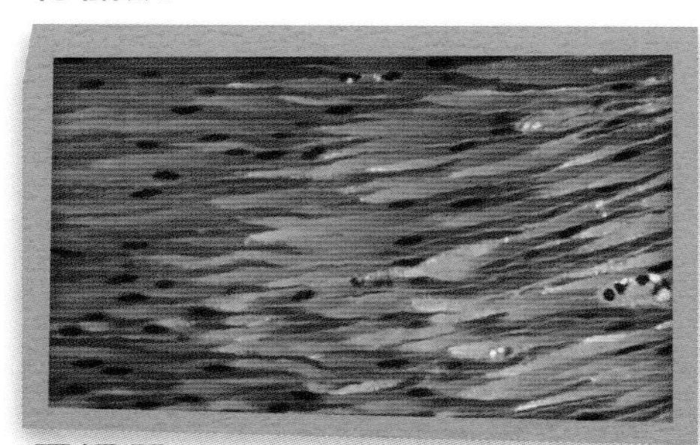

平滑肌

股四頭肌使你的腿可以在膝蓋處伸直，並在臀部彎曲。

縫匠肌使你的腿可以在臀部彎曲，並向外轉動。

脛前肌是小腿前側肌肉，它使你的腳可以抬起來，並向內傾斜。

這塊肌肉使你的腳趾可以伸直，並且幫助你把腳向上彎曲。

這塊肌肉可以把你的腿拉向另一條腿。

腓腸肌是小腿後側肌肉，它可以拉起腳跟，使你的腳向下彎曲，例如當你用腳尖站着的時候。

當你走路、跑步或跳躍時，比目魚肌使你的腳可以向下彎曲。

奇妙的肌肉

上面這些在顯微鏡下看到的圖片，顯示了三種不同類型的肌肉。心肌有分支纖維(細胞)，使你的心臟可以保持跳動。骨骼肌有細長的線狀纖維，可以拉動你的骨頭。平滑肌可以擠壓中空器官(例如胃部)，使它產生蠕動。

拉動肌肉的秘密

能使你身體可以活動的肌肉，稱為骨骼肌。它們的工作就是拉動你的骨頭，使身體活動起來。但骨骼肌只能拉，不能推。因此，要使身體部位向兩個方向移動，就需要不同的肌肉向相反方向拉動。

活動速度
最快的肌肉是
那些活動**眼部**
的肌肉。

當大腿的腿後腱把腿向後拉並彎曲膝蓋時，它會收縮（或變短），並且變胖。請利用你的二頭肌試試這樣做：用左手按壓你右手的上臂，然後彎曲你的右手肘。你感覺到肌肉變短、變胖嗎？

當腿後腱拉動小腿時，膝關節會彎曲。腿後腱也可以使大腿在臀部向後彎曲。

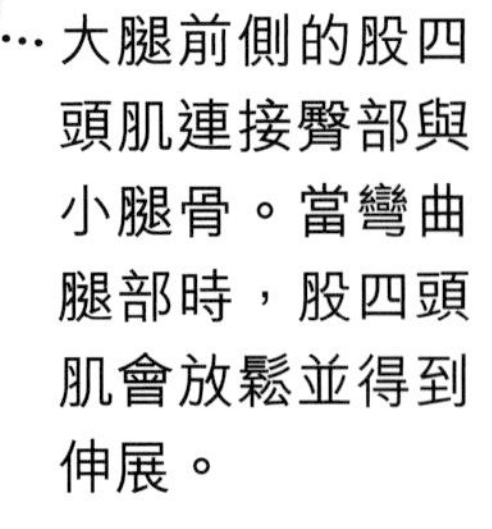

大腿前側的股四頭肌連接臀部與小腿骨。當彎曲腿部時，股四頭肌會放鬆並得到伸展。

彎曲腿部

當你踢球時，你的腿首先要向後彎曲，然後向前踢出去。這兩個方向的動作需要兩組肌肉 —— 股四頭肌和腿後腱，作出相反的動作來配合。要開始這個動作，你的腿後腱要先彎曲腿部。

伸直腿部

伸直腿部的工作是屬於強大的股四頭肌的。透過做出與腿後腱相反的動作，股四頭肌可以在膝蓋處伸直腿部，還可以透過在臀部伸直腿部來向前擺動它。現在你可以用腳全力地把球踢出去了。

在肌肉裏面

上面這個特寫圖片顯示了骨骼肌肉一束束的肌纖維(紅色部分)。這些纖維是存在於骨骼肌肉的長長細胞，看起來很像一根根的棒子。當它們接收到從腦部傳來的信號時，肌纖維就會變短。這樣，肌肉就可以拉動骨頭，使它們活動起來。

大腿骨頂部與髖骨之間的自由活動關節，讓你的腿可以做出大幅度的動作，其中包括向後和向前的動作。

股四頭肌收縮時，把大腿向前拉，使膝蓋伸直。你摸摸你的大腿，就可以感受到這個肥大的肌肉羣，它是身體中一組非常強大的肌肉。

腿後腱也連接着臀部和小腿骨。當伸直腿部時，它們會放鬆並得到伸展。

身體的控制中心

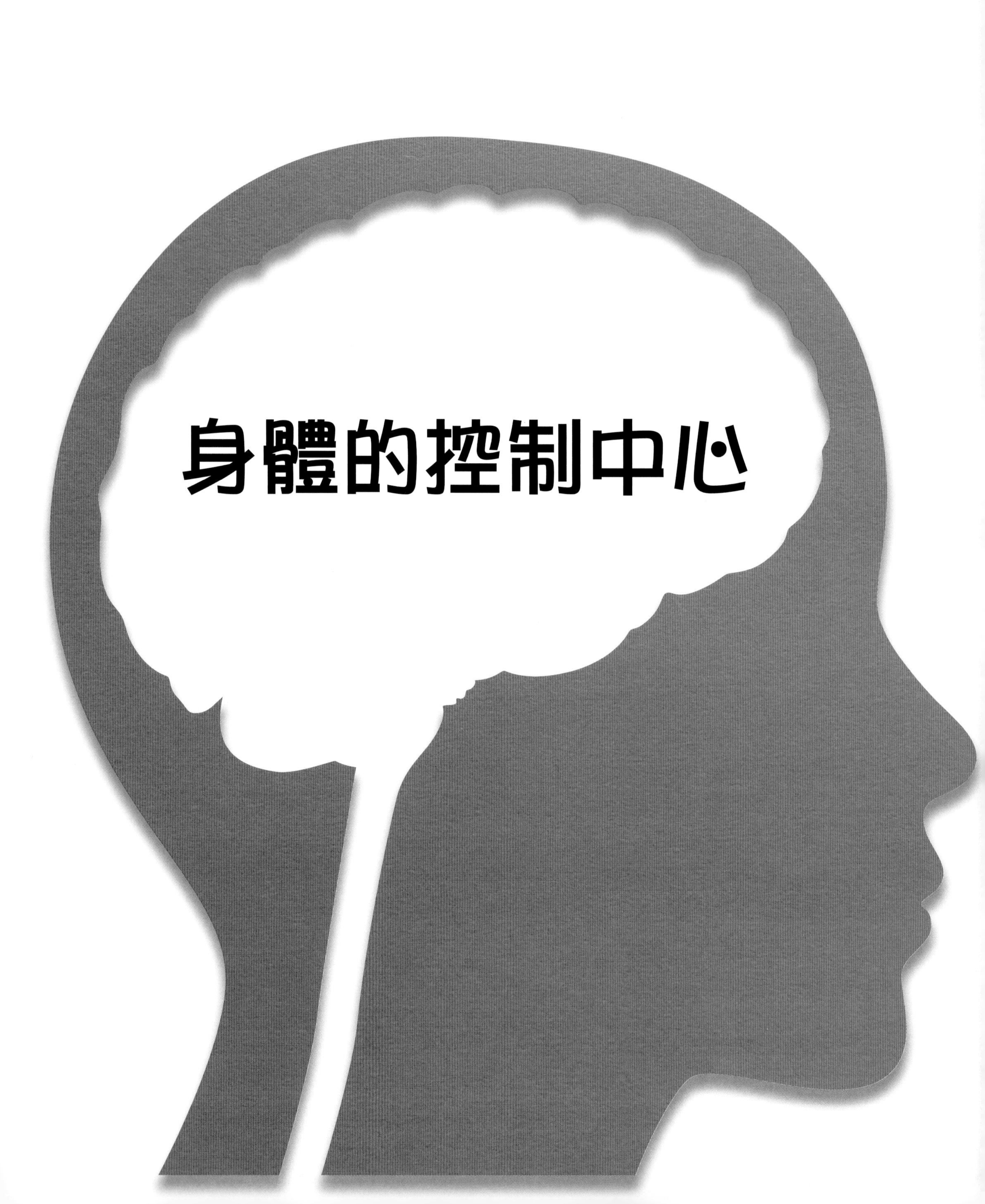

　　如果沒有腦部和神經系統來控制你的身體機器，你的身體就無法運作。你的腦部讓你可以看見、感受、思考和走動。它甚至還在你不會注意到的時候，默默地管理着你身體內所發生的一切。

傳遞信息的神經網絡

不論是跑步還是看東西，或思考，或呼吸，幾乎你身體機器所做的一切，都是由你的神經系統所控制的。它的工作速度非常快，因為神經細胞會攜帶着信息高速地從腦部、脊髓和神經一閃而過。

接通線路

腦部和脊髓控制着你的神經系統。它們透過神經網絡接收信息和發出指令。每條神經都含有一束束細長的神經細胞，它們在你的身體各部位來回地傳遞信息。

人體中**最長的**神經**超過1米**。

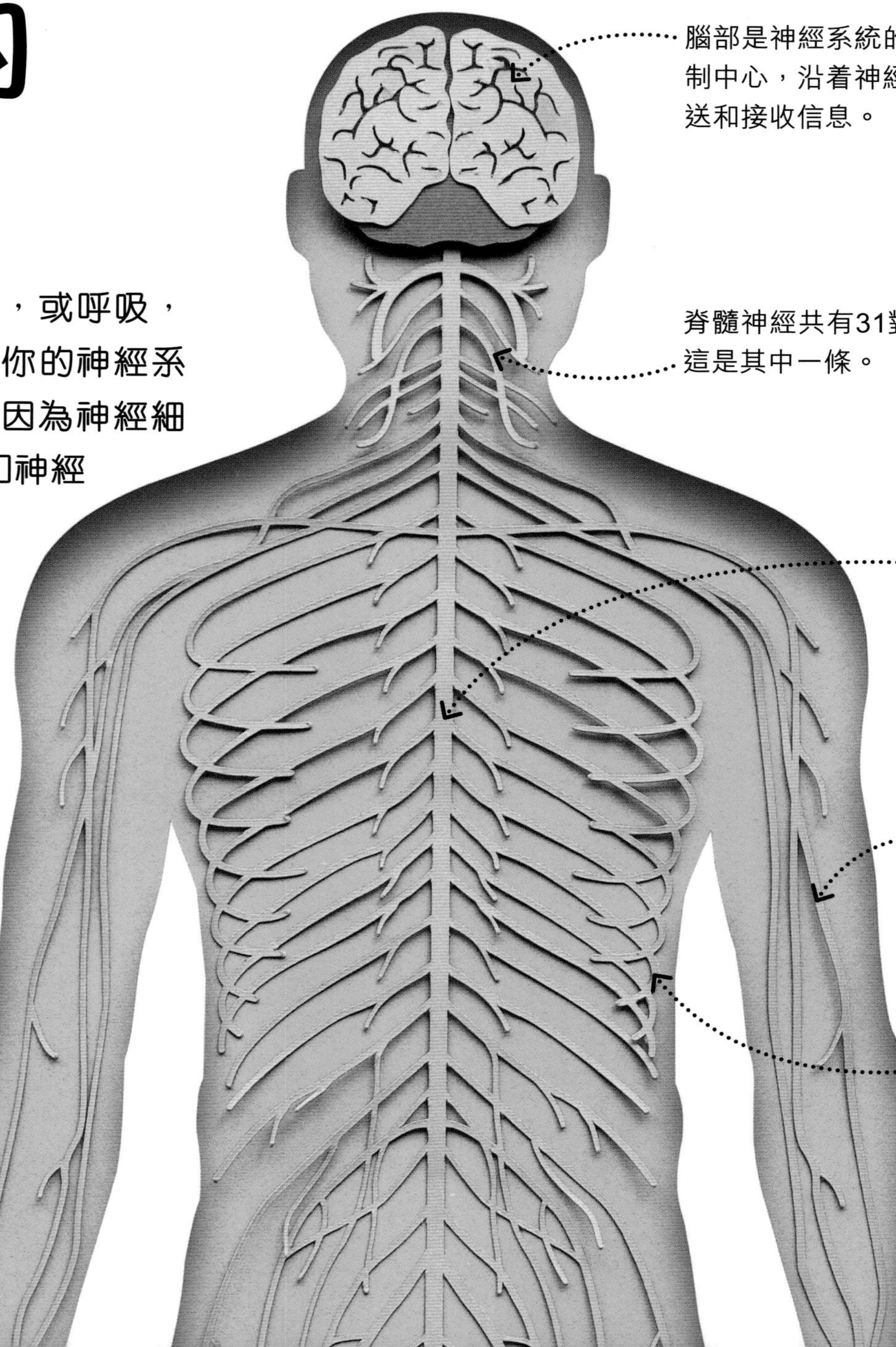

腦部是神經系統的控制中心，沿着神經發送和接收信息。

脊髓神經共有31對。這是其中一條。

脊髓在腦部和身體其他部位之間傳遞信息。

橈神經連接手臂的皮膚和肌肉。

人體有12對肋間神經，可以把信息傳遞到肋間肌，使你能夠呼吸。

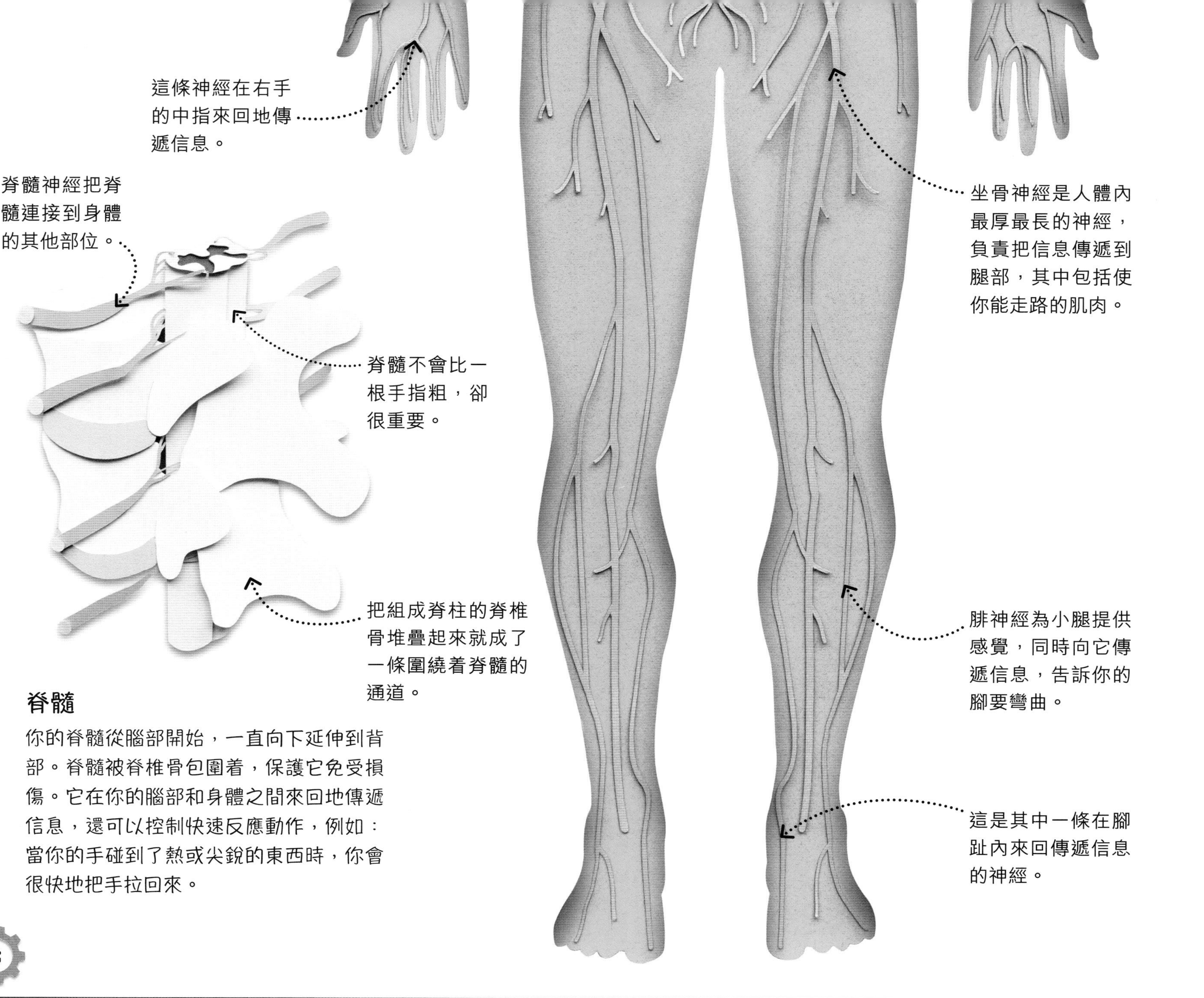
這條神經在右手
的中指來回地傳
遞信息。
脊髓神經把脊
髓連接到身體
的其他部位。
脊髓不會比一
根手指粗，卻
很重要。
把組成脊柱的脊椎
骨堆疊起來就成了
一條圍繞着脊髓的
通道。
坐骨神經是人體內
最厚最長的神經，
負責把信息傳遞到
腿部，其中包括使
你能走路的肌肉。
腓神經為小腿提供
感覺，同時向它傳
遞信息，告訴你的
腳要彎曲。
這是其中一條在腳
趾內來回傳遞信息
的神經。

脊髓

你的脊髓從腦部開始，一直向下延伸到背部。脊髓被脊椎骨包圍着，保護它免受損傷。它在你的腦部和身體之間來回地傳遞信息，還可以控制快速反應動作，例如：當你的手碰到了熱或尖銳的東西時，你會很快地把手拉回來。

接通神經線路

你的神經系統包括了腦部、脊髓和神經。它是由數十億個稱為神經元的細長神經細胞連接起來的。這些特殊的細胞會產生並傳遞微小的電子信號——神經脈衝，在你的身體周圍呼嘯而過。

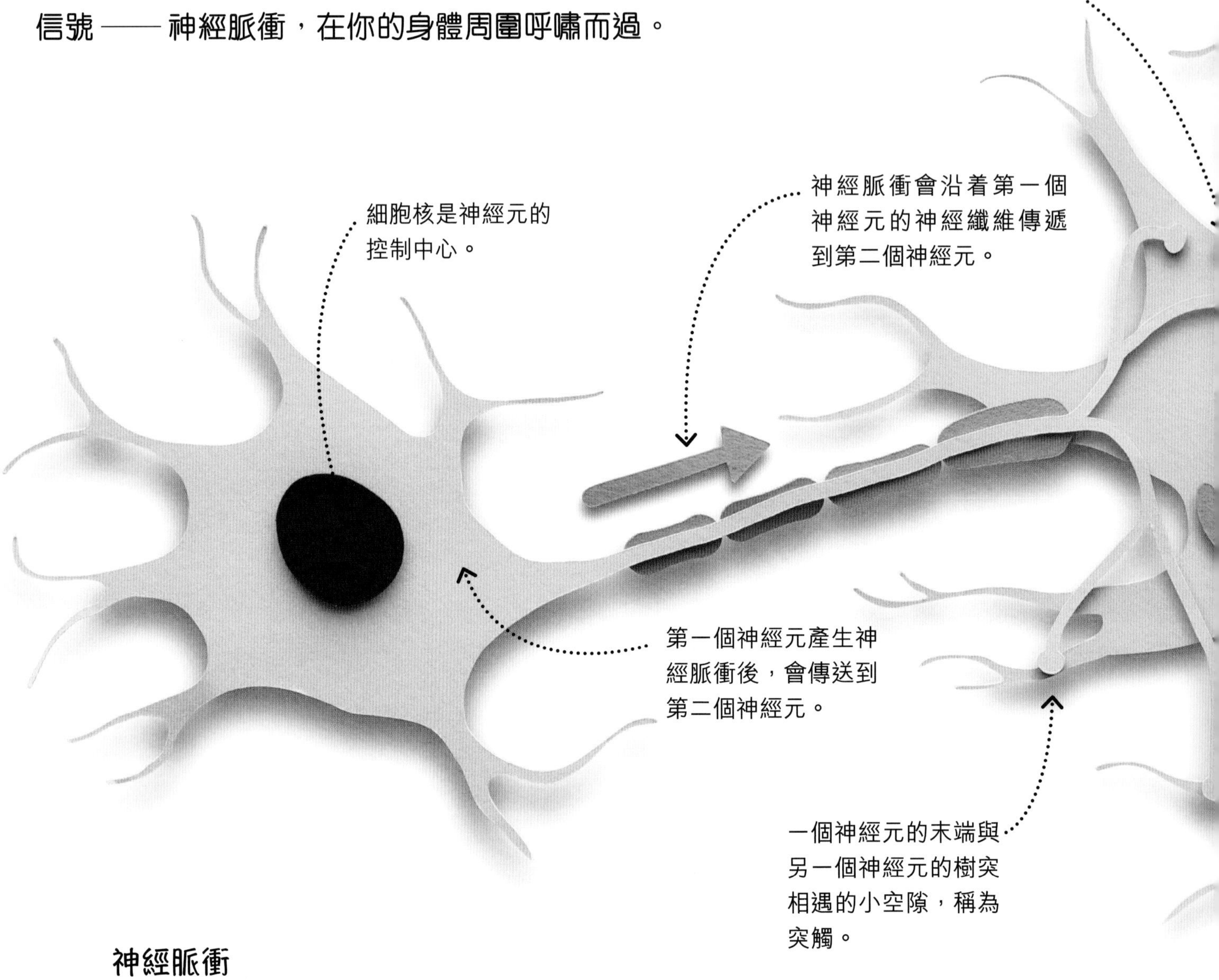

進來的信號會傳到神經纖維的末端。

神經脈衝會沿着第一個神經元的神經纖維傳遞到第二個神經元。

細胞核是神經元的控制中心。

第一個神經元產生神經脈衝後，會傳送到第二個神經元。

一個神經元的末端與另一個神經元的樹突相遇的小空隙，稱為突觸。

神經脈衝

每個神經元與腦部中許多其他神經元有聯繫，從而建立了一個可以發送及接收信息的龐大網絡。這些信息以神經脈衝的形式，沿着一個神經元，朝着一個方向傳遞到另一個神經元。神經元相接處的小空隙稱為突觸，信息在這裏會以化學物質的形式來傳遞。

神經元中呈樹狀分支的部分稱為樹突，負責接收來自其他神經元的信號。

神經纖維的末端在突觸處與其他神經元連接。

信號沿着第二個神經元的神經纖維被傳送出去。

保護罩可以隔絕神經纖維，使神經脈衝的傳遞速度更快。

神經脈衝
沿着神經元以超過
每小時400公里
的速度一閃而過。

活的電腦

電腦可以為我們做各種各樣的工作。你的腦部就像一部活的電腦一樣，可以記憶、處理信息，以及發出指令。但它遠比電腦更好更快。腦部中的神經細胞每秒鐘可以互相傳送數百萬條信息。

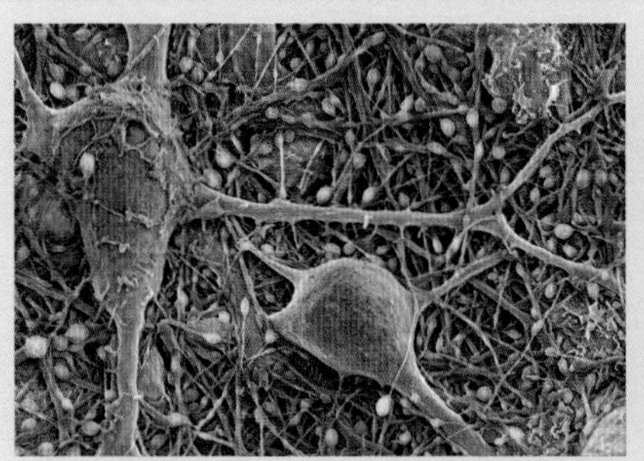

你的腦部包含了數十億個神經細胞，形成了一個溝通網絡。

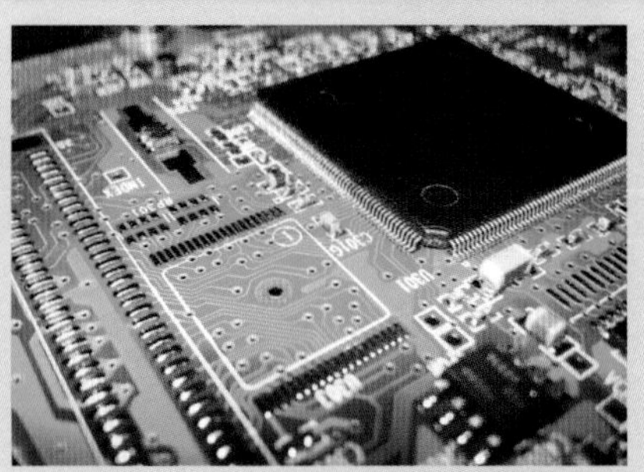

上圖中的黑色晶片是電腦的主要部分，它就像你的腦部一樣，可以處理信息，卻沒有像你的腦部那麼複雜。

指揮身體的腦部

在你的頭部裏面有一個柔軟的器官被牢牢地鎖住，那就是控制着你的「腦部」。你的腦部讓你可以走動和感受，思考和說話，記憶和想像。它還默默地管理着你的心率、呼吸和許多其他重要的活動。

在腦部裏面

右圖的腦被切開兩半，顯示了它的三個主要部分 —— 大腦、小腦和腦幹。強大的大腦是構成腦部的最大部分，並分為左右兩半。右圖顯示的是右半邊的內部。大腦的右半部控制着你身體的左側，而它的左半部則控制着你身體的右側。

這部分稱為下丘腦，控制着許多事情，包括睡眠、體溫、飢餓和口渴。

這個腺體稱為腦下垂體。它會釋放荷爾蒙，並與下丘腦連接。

腦幹管理着呼吸和心率等基本活動。

人腦是生物
世界中**最複雜**
的器官。

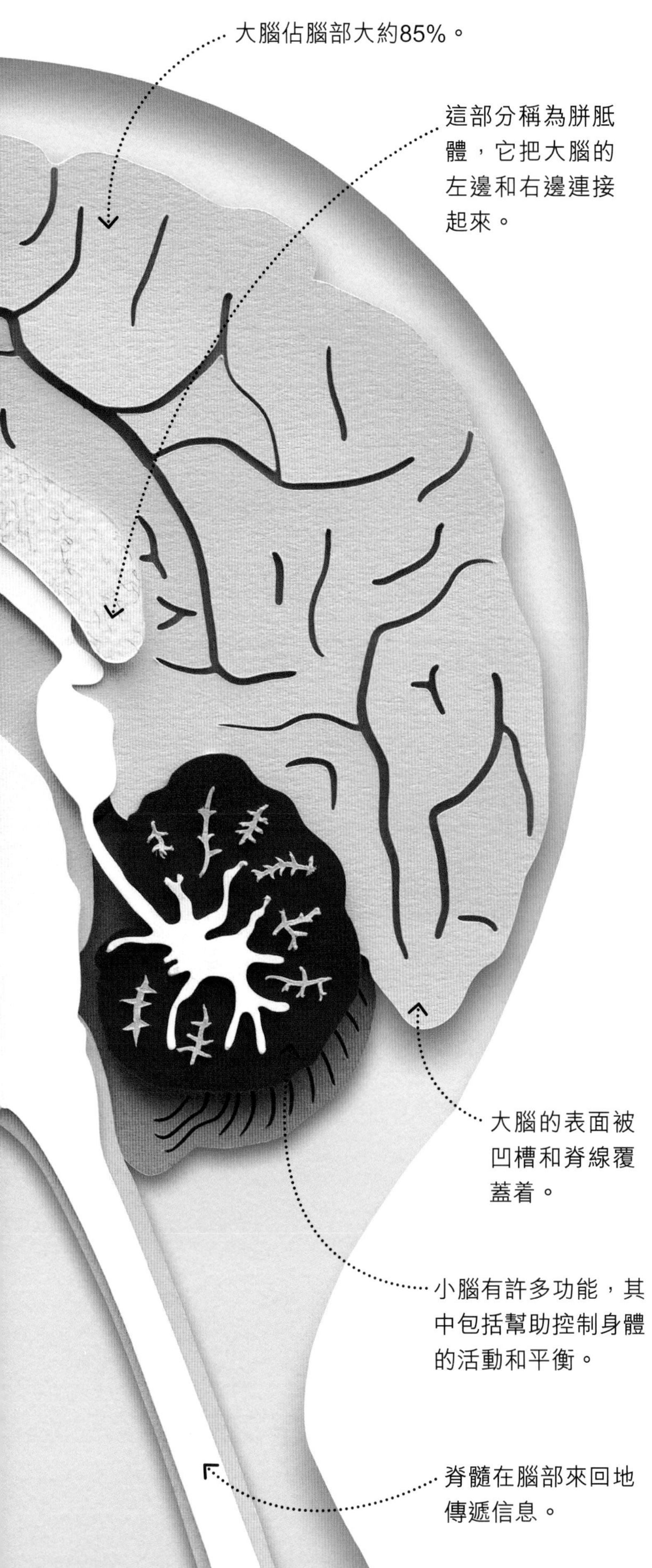
大腦佔腦部大約85%。
這部分稱為胼胝體，它把大腦的左邊和右邊連接起來。
大腦的表面被凹槽和脊線覆蓋着。
小腦有許多功能，其中包括幫助控制身體的活動和平衡。
脊髓在腦部來回地傳遞信息。

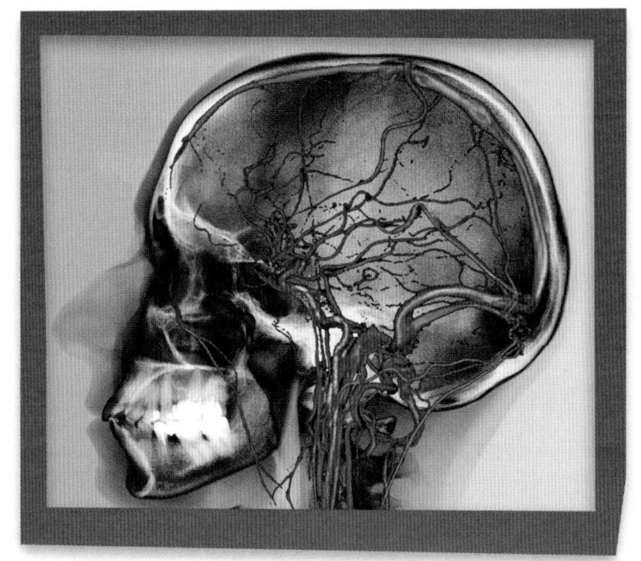

依靠氧氣存活

在上圖中，你可以看到負責把食物和氧氣輸送到腦部的動脈(紅色部分)，以及從腦部帶走廢物的靜脈(藍色部分)。食物和氧氣給腦部提供了工作所需的能量。一旦停止供應，即使只是幾分鐘，腦部也有可能會遭到損壞，甚至死亡。

腦部的保護器

你的腦部很柔軟，就像一朵蘑菇一樣，如果受到撞擊和打擊而沒有任何保護的話，就會受損。你的顱骨提供了一個堅硬的外殼包裹着腦部來保護它，就像上圖中這個堅硬的棒球帽保護着它的佩戴者免受傷害一樣。另外，腦部還被一層液體包圍着，可以緩衝外來的撞擊，這也起了保護的作用。

奇妙的腦部地圖

人腦中最重要的部分是大腦，特別是它薄薄的、皺皺的外層，稱為大腦皮質。在這裏，有數十億個神經細胞被百萬億個連接串連起來，使你的身體可以運作，而且讓你成為這樣的一個你。

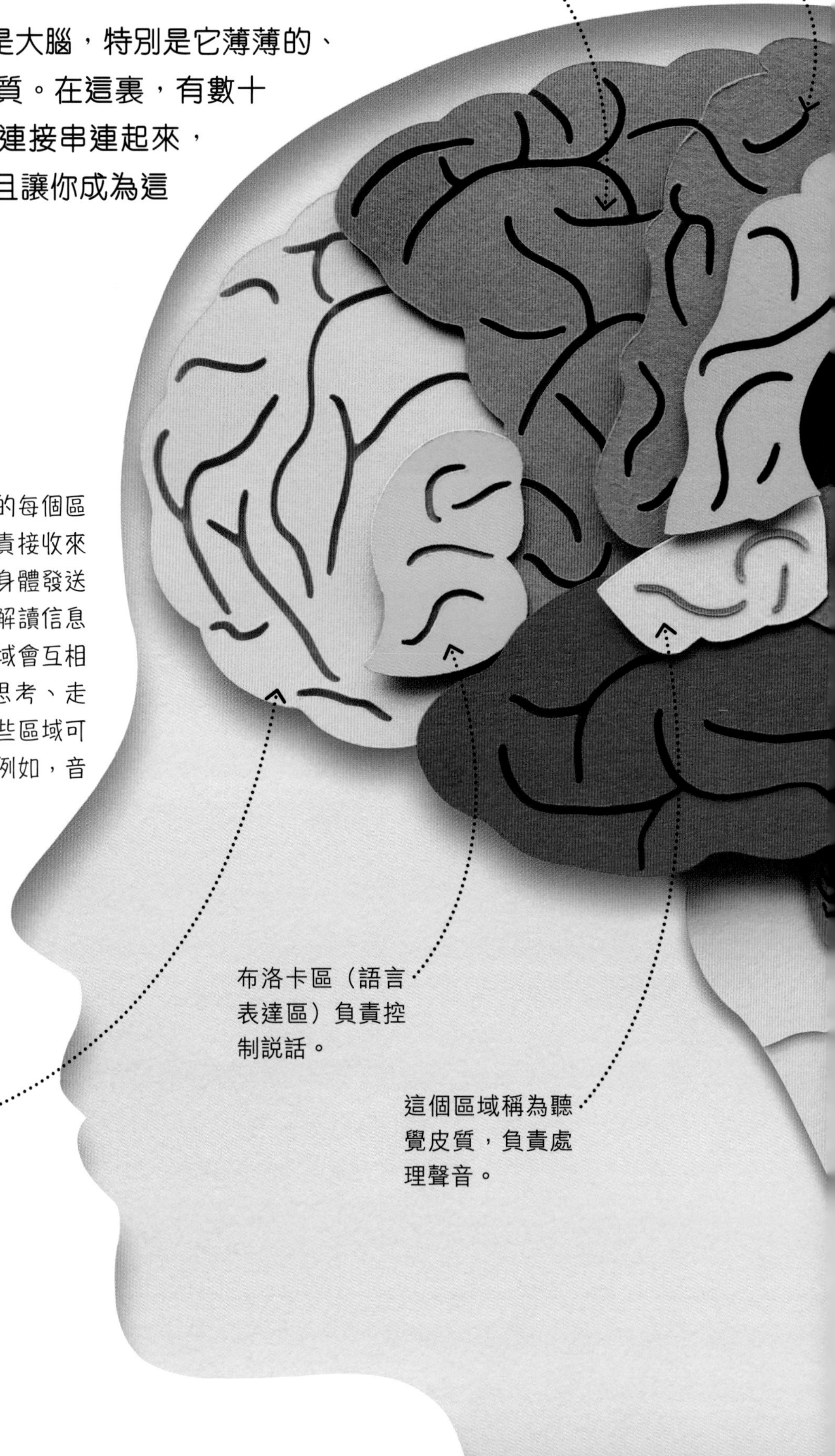

前運動皮質負責控制熟練的動作，例如騎單車。

運動皮質告訴你的骨骼肌要產生身體動作。

腦部在工作

右面的腦部地圖顯示了大腦皮質的每個區域都有自己的工作。有些區域負責接收來自身體的信息，有些區域負責向身體發送指令，還有一些區域負責分析和解讀信息的意思。你大腦皮質中的不同區域會互相作用，使你可以理解、決定、思考、走動、感受和記憶。大腦皮質的某些區域可以在不斷被使用的情況下長大，例如，音樂家通常有較大的聽覺皮質。

布洛卡區（語言表達區）負責控制說話。

這個區域稱為前額葉皮質，與管理個性、思維、學習和理解有關。

這個區域稱為聽覺皮質，負責處理聲音。

感覺皮質負責處理來自皮膚的觸感、冷熱和疼痛的信息。

這部分的皮質可以分辨出皮膚的感覺和被感覺的物體的形狀。

視覺皮質把信息組合在一起，使它產生你可以看到的影像。

韋尼克區（理解區）負責弄明白你所聽到或看到的字詞的意思。

初級視覺皮質負責接收來自你眼睛的信號。

這個區域稱為聽覺聯合皮質，負責分析來自聽覺區的信號，以識別聲音。

小腦位於大腦下方，負責管理身體的運動和平衡。

腦細胞之間的**125萬億個**連接形成了一個龐大的、超快速的溝通網絡。

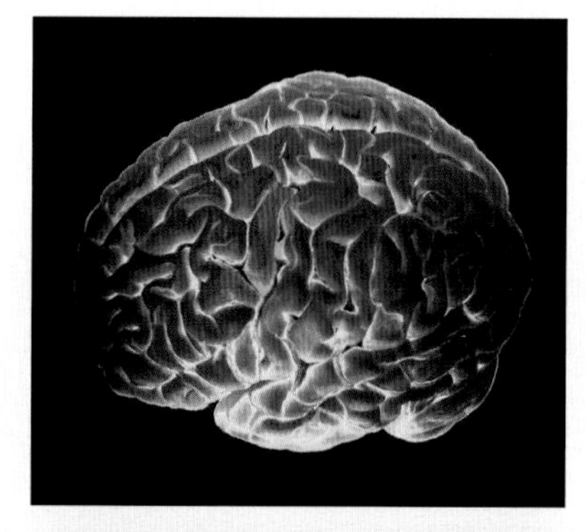

這裏顯示了大腦皮質的活躍部分，當中包括了控制說話的布洛卡區。

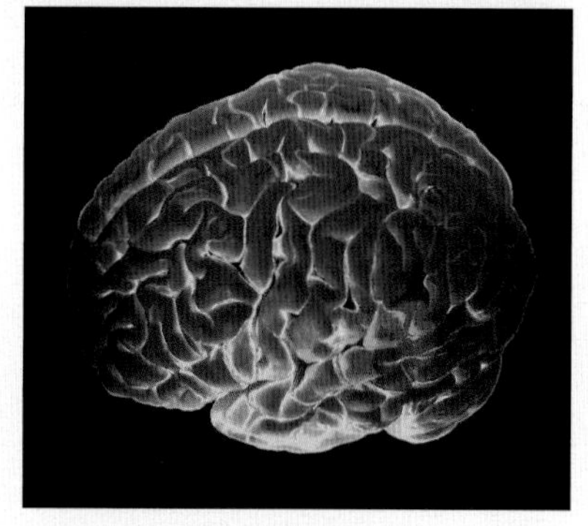

在大腦的聽覺區偵測到聲音後不到一秒鐘，大腦的另一部分就可以弄明白所說的內容。

打開腦部看看

上面這兩張腦部掃描照片顯示了一個人的大腦皮質的活躍部分（紅色和綠色光亮的部分）。第一張圖是當一個人說話時；第二張圖是在理解所說的話時。

進入睡眠模式

每個人都需要睡覺。在一生之中，人們每天花了三分之一的時間睡覺。如果不睡覺，你的身體機器將無法生存。睡眠可以讓你的身體有機會放鬆和恢復，並讓你的腦部有時間整理一天所發生的事情。

人類**最長時間不睡覺**的世界紀錄是**11天**。

熟睡的時候

當你睡覺時，你的呼吸和心率會減慢。入睡後，你會開始進入淺層的非快速動眼睡眠，接着是深層的非快速動眼睡眠，那時候是很難醒來的。然後你會逐漸進入快速動眼睡眠。這個時候，你的腦部會變得比較忙，而且你會做夢。這些睡眠階段每晚都會發生幾次。

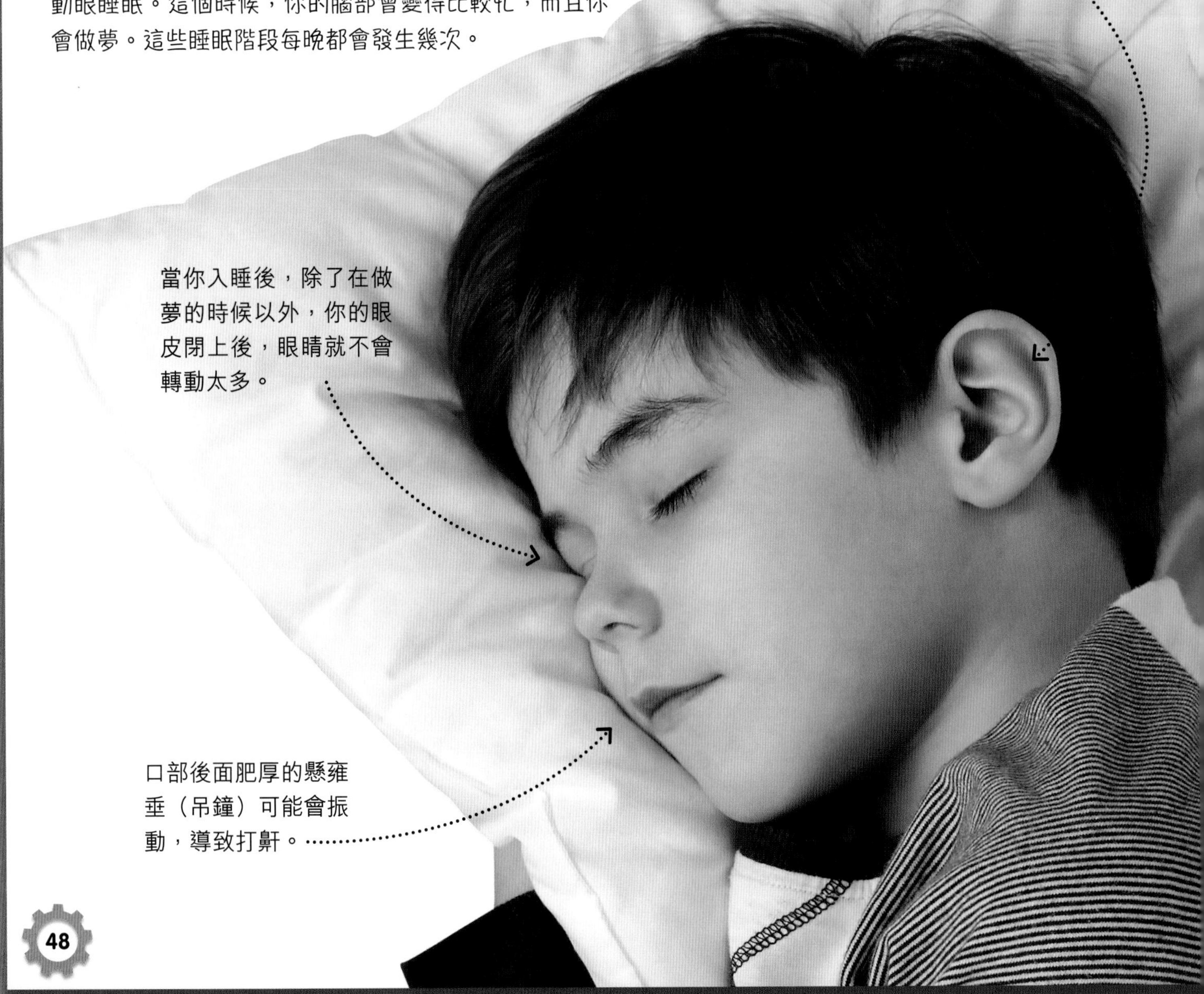

你的耳朵會忽略日常的聲音，卻能感知到突然冒出來的奇怪噪音。

當你入睡後，除了在做夢的時候以外，你的眼皮閉上後，眼睛就不會轉動太多。

口部後面肥厚的懸雍垂（吊鐘）可能會振動，導致打鼾。

做夢機器

幾乎每個人都會做夢，但沒有人真正知道做夢的原因。夢境通常是一些奇怪的人和事件的混合畫面，而這些畫面在真實生活中並不會發生。當你做夢時，除了眼肌以外，你的其他身體肌肉都會停止工作。就是因為這樣，你在睡覺時不能把你的夢境演示出來。

人們經常會夢見自己被追趕。

從空中墜落的感覺是常常出現的夢境。

你需要多少睡眠時間

隨着年齡的增長，我們的睡眠時數會減少。嬰兒每天花一半以上的時間睡覺；學齡兒童需要大約9至11個小時的睡眠時間；成年人需要大約9個小時的睡眠時間。隨着年齡的增長，人們所需的睡眠時間會短一些。

新生嬰兒需要大約14至17小時的睡眠時間。

兒童需要大約9至11小時的睡眠時間。

成年人需要大約7至9小時的睡眠時間。

長者需要大約7至8小時的睡眠時間。

敏銳的視覺

你對世界大部分的認知，都是透過你的視覺感知的。你的眼睛從物體上感知到光線，然後把這些信息傳遞給你的腦部，讓你可以看到周圍的事物。

我們如何看見東西

光線透過一個稱為角膜的窗口進入你的眼睛，然後穿過一個稱為瞳孔的洞進入晶狀體。晶狀體能改變形狀，把光線聚焦在眼睛後部，形成倒立的影像。當來自眼睛的信息到達腦部時，它會產生一個直立的影像。

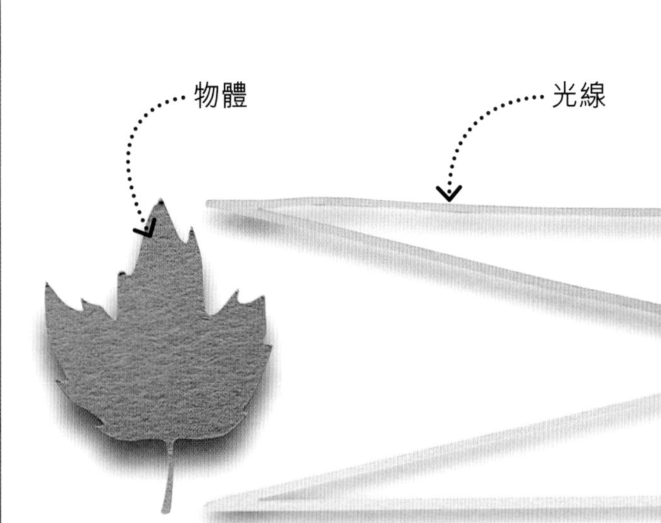
物體
光線

當光線進入眼睛時，角膜會使光線彎曲。

眼睛的前部填滿了一種稱為水狀液的液體。

瞳孔可以讓光線進入眼睛。

虹膜可以控制進入眼睛的光線量。

晶狀體可以改變形狀，以聚焦光線。

鞏膜是一層堅韌的膜，可以保護眼球。

近和遠

眼睛中的晶狀體能改變形狀，以聚焦來自物體的光線，使你可以清晰地看到它。當晶狀體周圍的小環狀肌肉擠壓，使晶狀體變厚時，你就可以看到近處的物體了；而當肌肉放鬆，使晶狀體變薄時，你就可以聚焦遠處的物體了。

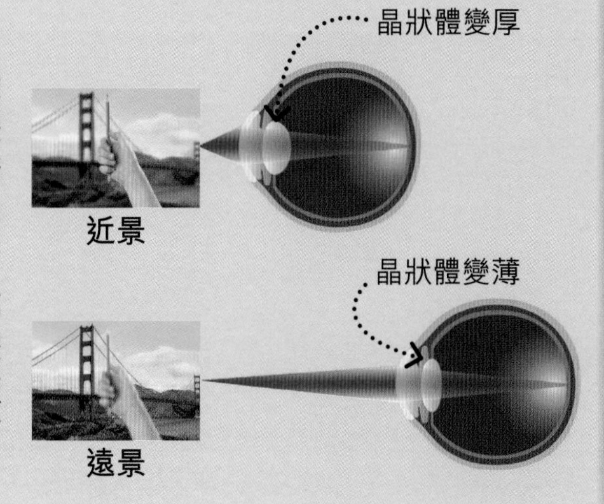
晶狀體變厚
近景
晶狀體變薄
遠景

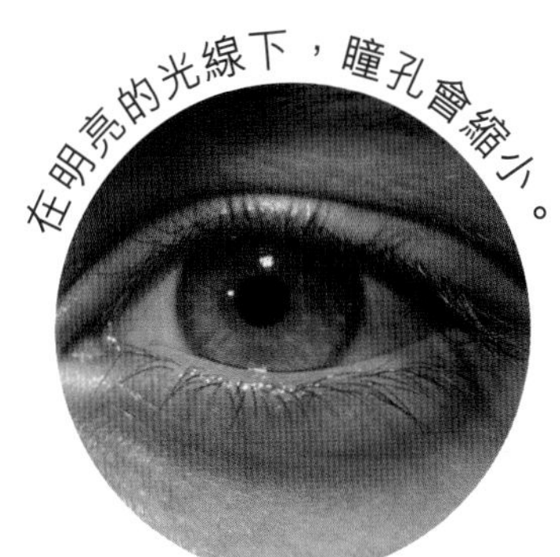
在明亮的光線下，瞳孔會縮小。

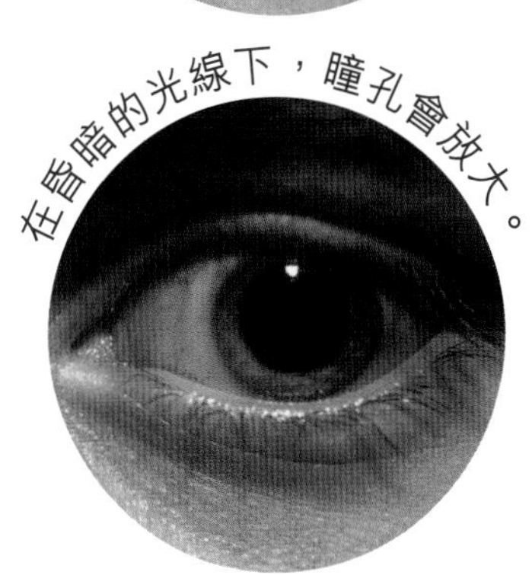
在昏暗的光線下，瞳孔會放大。

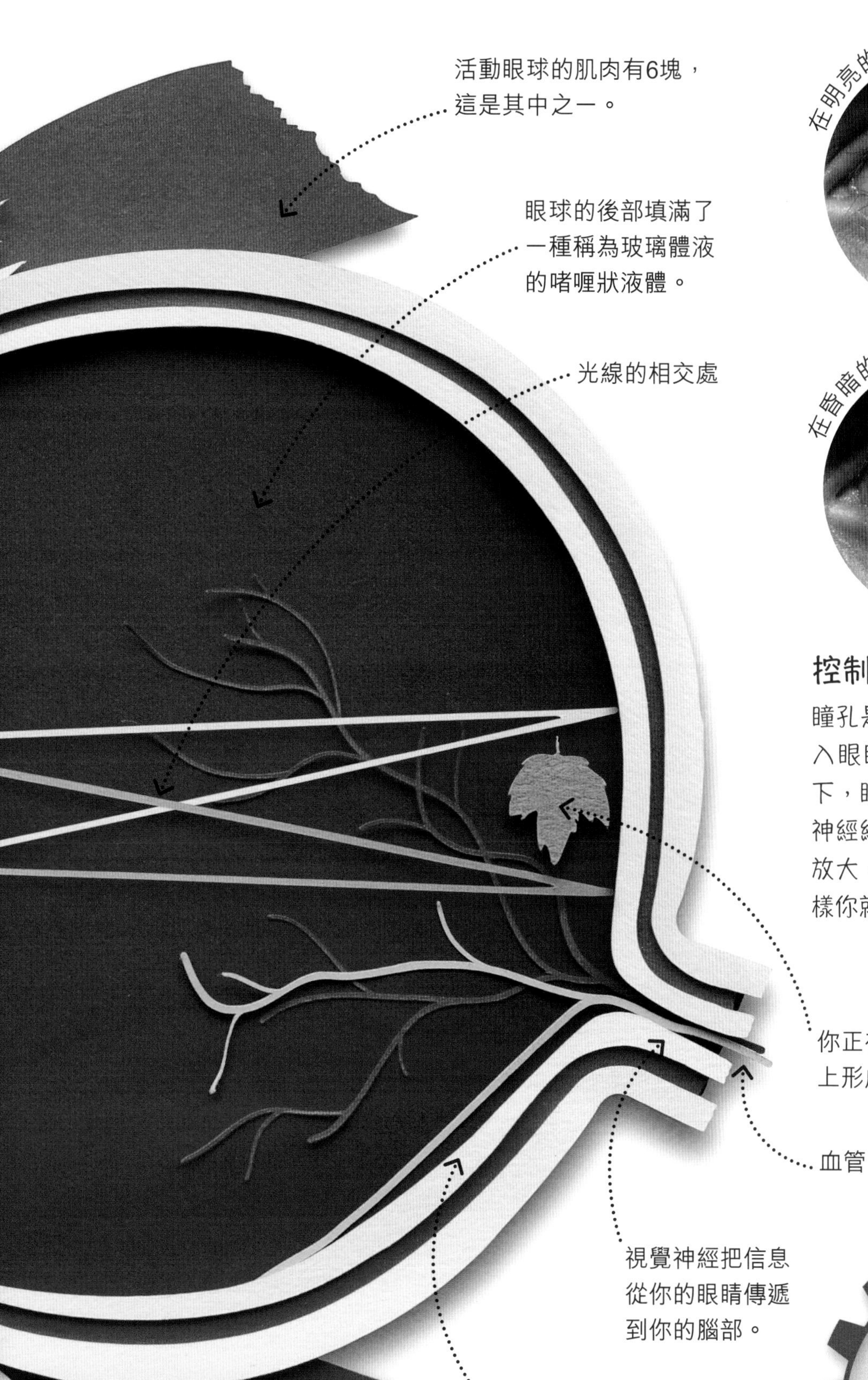
活動眼球的肌肉有6塊，
這是其中之一。
眼球的後部填滿了
一種稱為玻璃體液
的啫喱狀液體。
光線的相交處
你正在觀看的物體，在視網膜
上形成了一個倒立的影像。
血管
視覺神經把信息
從你的眼睛傳遞
到你的腦部。
視網膜上布滿了
感知光線和顏色
的細胞。

控制光線

瞳孔是虹膜上的一個洞，能控制進入眼睛的光線量。在明亮的光線下，瞳孔會縮小，以保護眼睛中的神經細胞。當光線變暗時，瞳孔會放大，讓更多的光線進入眼睛。這樣你就能夠清楚地看見事物了。

從外面看，
我們只能看到
**眼球的六分
之一。**

靈敏的聽覺

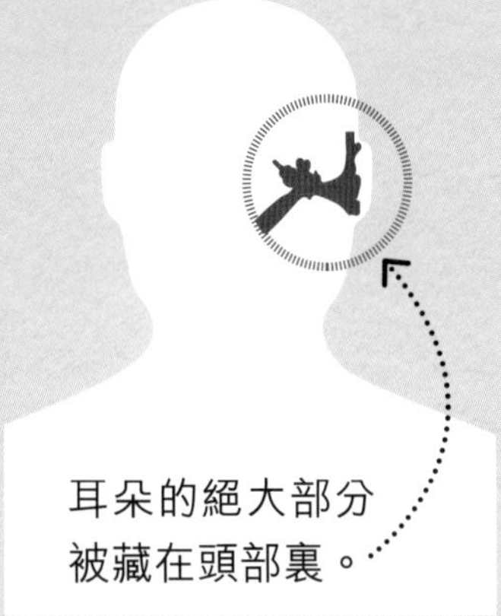

從樹葉的沙沙聲到噴射式飛機的轟隆聲，你可以聽到各種不同的聲音。當某些東西振動，並在空氣中傳出漣漪時，就會產生聲音。那些漣漪會在你的耳朵產生振動，然後你的腦部會把它們轉成聲音。

耳朵的絕大部分被藏在頭部裏。

這三根管子裏面填滿了液體，所以它們可以感知到頭部的運動，以及幫助身體保持平衡。

這條神經把關於聲音的信號從耳蝸傳遞到腦部的聽覺區。

這三塊相連的骨頭稱為聽小骨。它們可以把聲音從耳膜傳遞到耳蝸。

耳蝸是捲曲的，像蝸牛殼一樣，能偵測聲音。

當聲音撞擊耳膜時，耳膜就會振動。

這根管子把你的耳朵連接到喉嚨和鼻子。它可以讓空氣進入，使你的耳朵發出「噗」的一聲，以消除耳中的任何堵塞。

在耳朵裏面

你能看到耳朵的唯一部分是耳廓，其餘的部分都藏在你的顱骨裏。來自外界的聲音產生振動，到達在耳朵深處盤繞的耳蝸。在這裏，那些振動會被轉化成神經信號，進入你腦部的聽覺區。

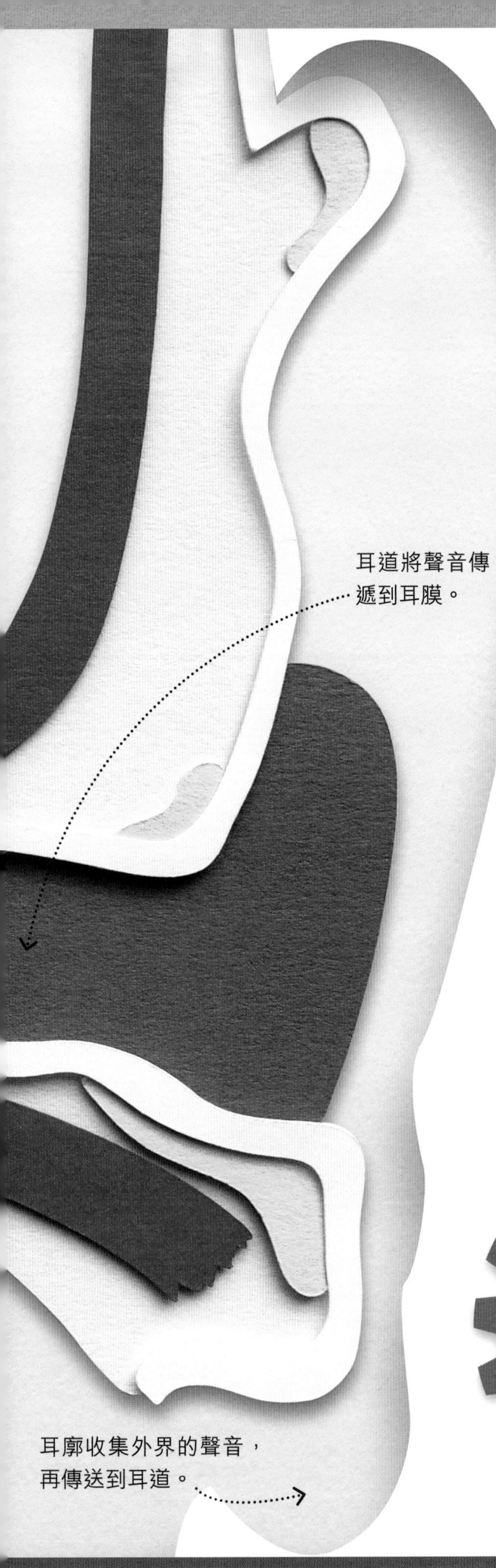
耳道將聲音傳
遞到耳膜。
耳廓收集外界的聲音，
再傳送到耳道。

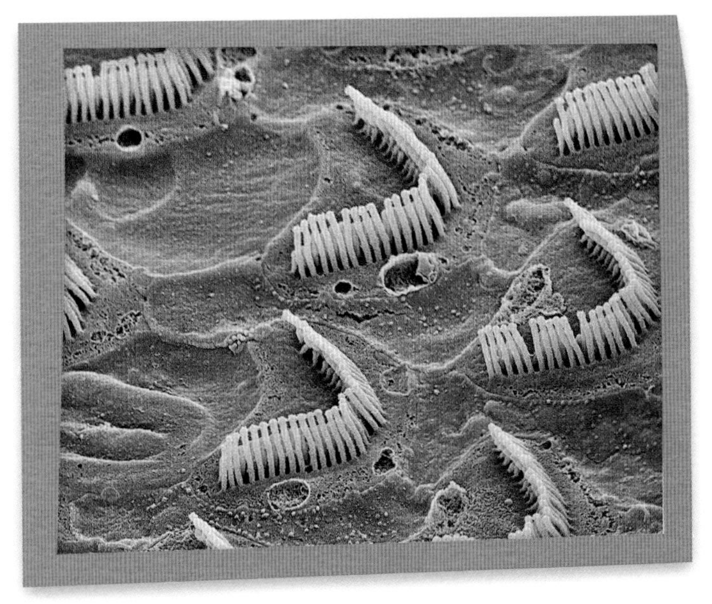

聲音偵測器

耳蝸裏有一簇簇微小的、呈V形的「毛髮」(上圖中的粉紅色部分)。它們位於負責偵測聲音的特殊毛細胞的上方。當聲波經過耳蝸時，它們會使「毛髮」彎曲，毛細胞便會向腦部傳出信號，你就可以聽到聲音了。

平衡技術

你的耳朵可以幫助你保持平衡。在耳蝸旁邊有一個傳感器，可以感知到頭部的運動和位置。你的腦部會使用這些信息，以及來自你眼睛、肌肉和腳的信號，告訴你怎樣移動才不會摔倒。

人體中**最小的骨頭**就在你的耳朵裏面，它只有**一顆米粒**般大小。

不可或缺的味覺和嗅覺

你的味覺和嗅覺器官能感知到烤麪包的氣味、鮮花的香味和雪糕的味道。這兩種感官除了各自工作之外，它們也會一起工作，這樣你就可以享受到許多不同的口味了。

嘴巴和鼻子

你舌頭上的味覺感受器可以感覺味道，而偵測氣味的嗅覺感受器則位於鼻子後面的空間，稱為鼻腔。你的舌頭可以感受到五種味道：甜、酸、苦、鹹，以及一種稱為鮮味的味道；而嗅覺感受器則能感知到許多不同的氣味。

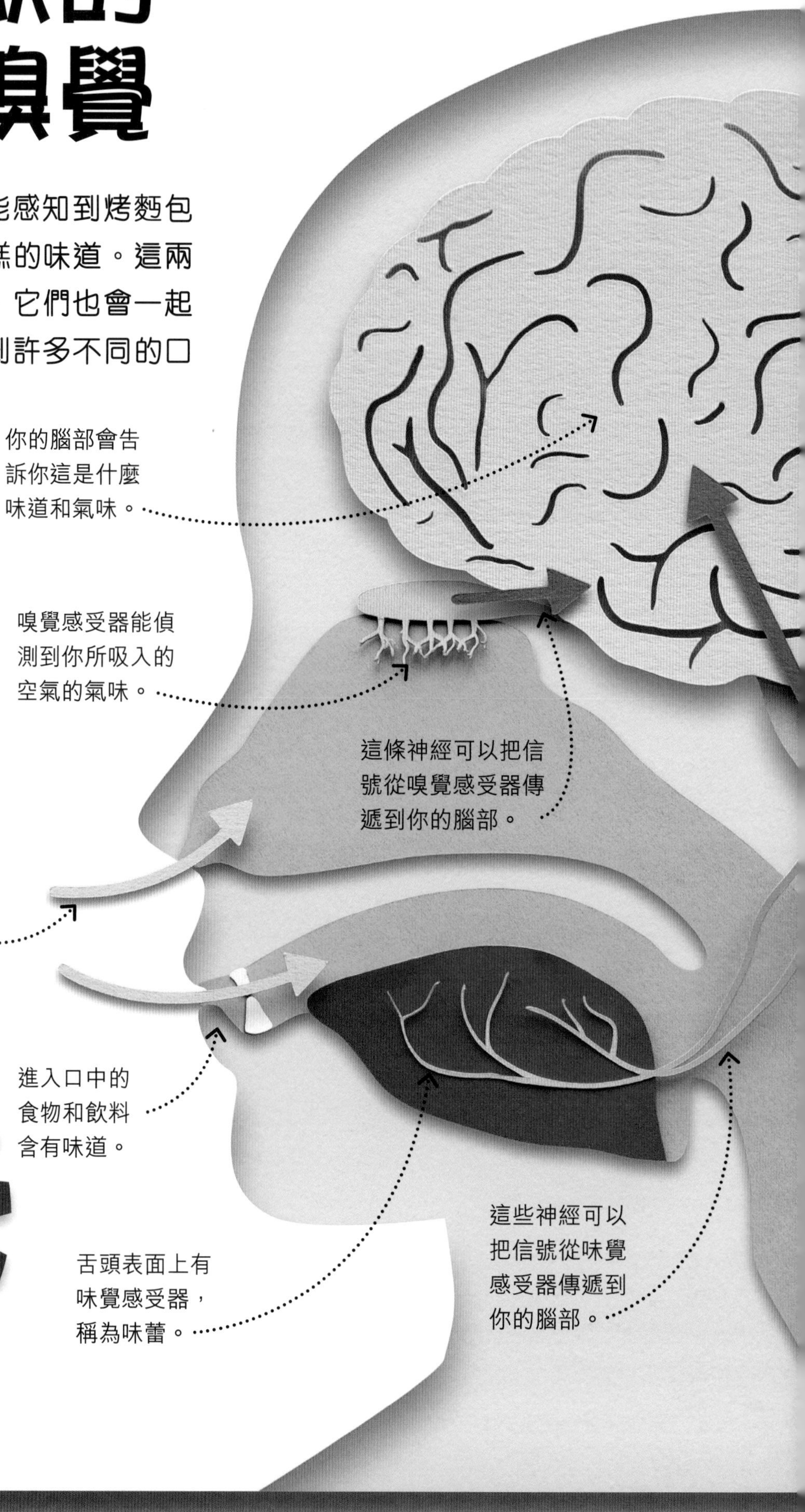

你的腦部會告訴你這是什麼味道和氣味。
嗅覺感受器能偵測到你所吸入的空氣的氣味。
這條神經可以把信號從嗅覺感受器傳遞到你的腦部。
從鼻孔吸入的空氣把氣味帶入鼻腔。
進入口中的食物和飲料含有味道。
這些神經可以把信號從味覺感受器傳遞到你的腦部。
舌頭表面上有味覺感受器，稱為味蕾。

我們可以偵測到**數百萬種不同的氣味**，卻只能偵測到**五種不同的味道**。

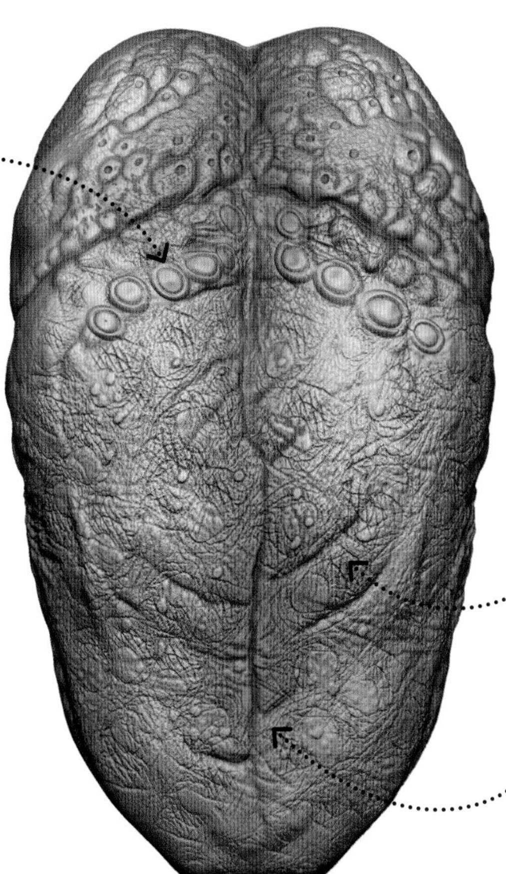
一排大乳突在
舌頭後方。
整個舌頭上布滿
了蘑菇狀乳突。
當你咀嚼時，尖
細的乳突會把食
物抓住。

舌頭上的味蕾分布

照一照鏡子，你會看到你的舌頭被細小的隆起物覆蓋着，它們被稱為乳突。如左圖所示，這裏顯示了三種不同類型的乳突，其中的大乳突和那些蘑菇狀乳突上有味蕾，可以偵測出食物和飲料中的五種味道。

不好的味道和氣味

你的嗅覺和味覺可以告訴你有什麼地方不對勁。當你嘗到苦味或酸味時，這意味着那些食物可能有毒 —— 儘管有些毒藥是沒有任何味道的。當你聞到煙霧的氣味時，這或許在警告你可能有危險。令人作嘔的味道和氣味會令你皺起鼻子和撇嘴。

你是怎樣獲取感覺的？

在你的皮膚上有數以百萬計的微小神經細胞，稱為觸覺感受器。它們可以偵測到周圍環境的質感、壓力、動靜和溫度的變化，然後把信號傳遞到你的腦部，讓你可以感知周圍的世界。

身體有多敏感？

這個模樣怪異的圖像稱為感官侏儒圖。它已被使用多年，用來顯示不同身體部位的不同敏感度。有些身體部位，例如嘴唇和舌頭，畫得非常大，以反映出它們對觸覺特別敏感。

耳朵如圖中的大小所示，對觸覺很敏感。

嘴唇非常敏感，特別是對於觸覺和冷覺。

舌頭能感覺到觸碰、壓力、熱和冷。此外，在它上面還有味覺感受器（味蕾）。

手臂皮膚上的觸覺感受器間距拉得很開。

你的手對壓力和振動非常敏感。

你身體最不敏感的皮膚在下背部。

指尖比其他部位的皮膚有更多的感受器，包括痛覺感受器。

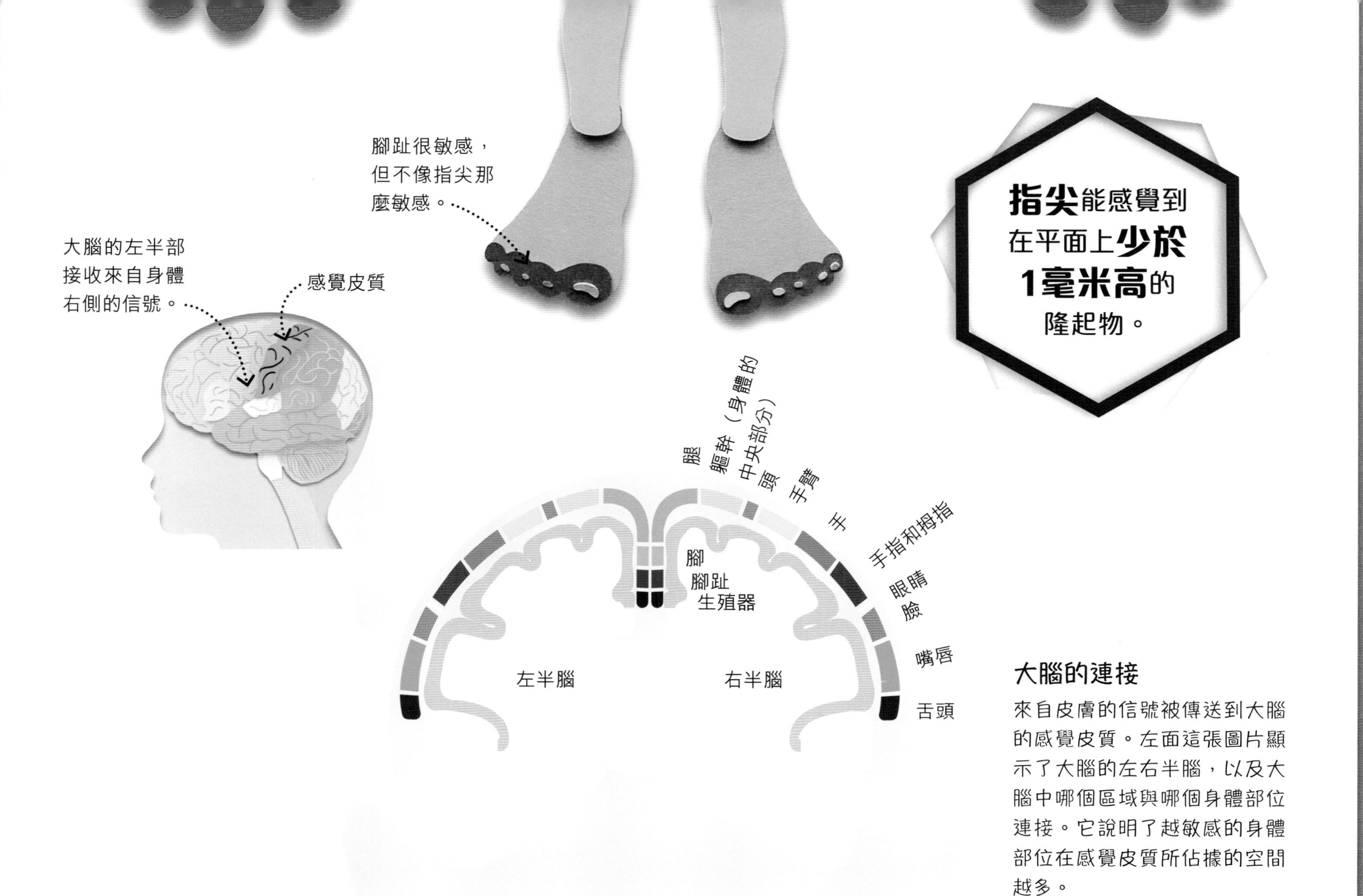

大腦的左半部
接收來自身體
右側的信號。
感覺皮質
腳趾很敏感，
但不像指尖那
麼敏感。
指尖能感覺到
在平面上**少於**
1毫米高的
隆起物。
腿
軀幹（身體的
中央部分）
頭
手臂
手
手指和拇指
眼睛
臉
嘴唇
舌頭
腳
腳趾
生殖器
左半腦
右半腦

大腦的連接

來自皮膚的信號被傳送到大腦的感覺皮質。左面這張圖片顯示了大腦的左右半腦，以及大腦中哪個區域與哪個身體部位連接。它說明了越敏感的身體部位在感覺皮質所佔據的空間越多。

影響身體運作的荷爾蒙

人類的身體機器有兩個控制系統。除了神經系統之外，還有稱為荷爾蒙的化學傳導物質。荷爾蒙大多經由血液傳送。它們透過改變特定的細胞和組織如何工作，從而影響生長、消化食物、使用能量，以及許多其他過程。

荷爾蒙製造商

在右圖中，你可以看到一些製造荷爾蒙的腺體。此外，還有一些器官，包括胃部和腎臟，也會分泌荷爾蒙。這些腺體和器官一起組成了內分泌系統。

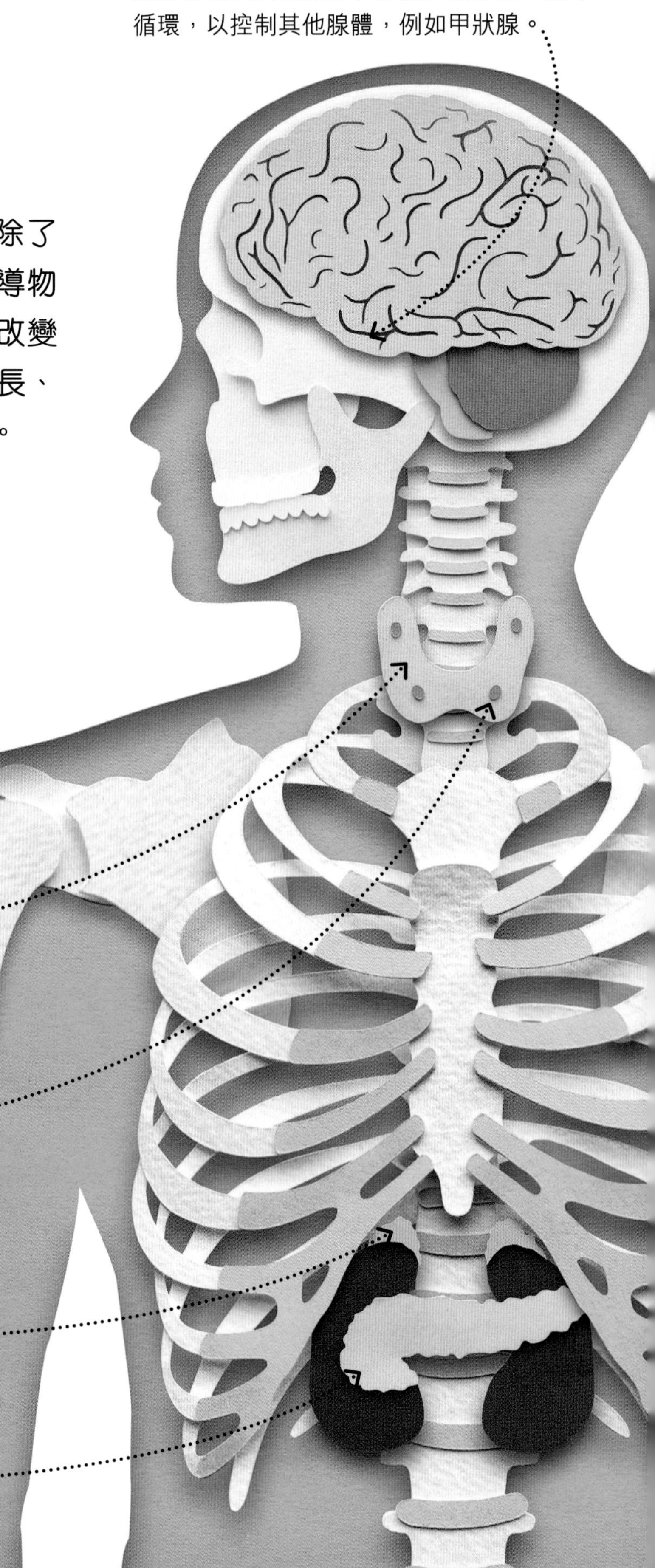

位於大腦下方的腦下垂體是非常重要的。它所分泌的9種荷爾蒙中有很多種都在血液中循環，以控制其他腺體，例如甲狀腺。

甲狀腺會分泌一種荷爾蒙，使細胞工作得更快，並有助控制體重和體温。

四個副甲狀腺會製造一種荷爾蒙，以控制人體中鈣的水平。鈣是健康骨骼所需的化學物質。

腎上腺會分泌多種荷爾蒙，其中包括腎上腺素，讓身體做好活動的準備。

胰臟會分泌荷爾蒙，以控制血液中葡萄糖的含量。

愛的荷爾蒙

有些荷爾蒙有助於繁殖和分娩，其中一種便是催產素，它是由腦下垂體分泌的其中一種荷爾蒙。它能使子宮擠壓或收縮來幫助女性誕下嬰兒。催產素還有助建立母親和嬰兒之間緊密的聯繫，因此它被稱為「愛的荷爾蒙」。

當你的**胃部空空的**，它會分泌一種讓你感到**飢餓的荷爾蒙**。

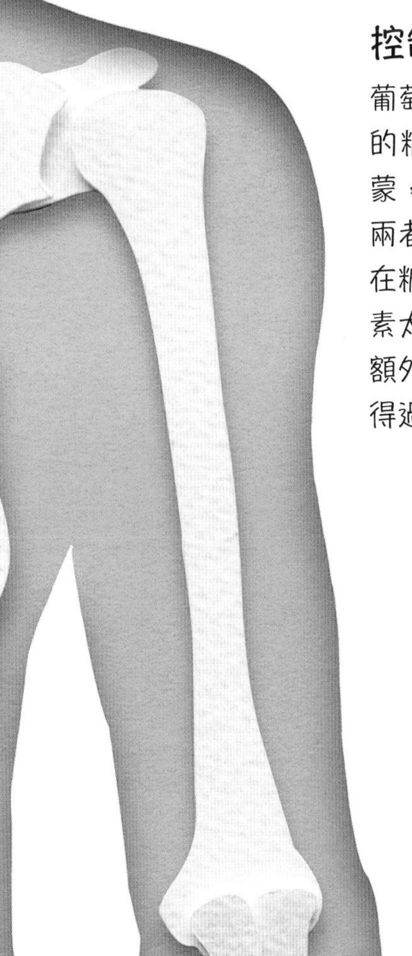

控制糖含量

葡萄糖是一種可以給細胞提供能量的糖。你的胰臟會製造多種荷爾蒙，包括胰島素和胰高血糖素。這兩者控制着血液中葡萄糖的含量。在糖尿病患者中，胰臟分泌的胰島素太少，因此糖尿病患者需要服用額外的胰島素，以防止血糖水平變得過高。

這個男孩患有糖尿病。他正在使用特殊的注射器為自己注射胰島素。

心臟和
血液的秘密

心臟是你身體機器的核心。在你的一生中，它都不停地在跳動。每一次跳動都會泵出一條血液的河流，並沿着龐大的血管網絡流動。血液給你的身體細胞提供了成長和保持健康所需要的一切。

血液的流動路線

人體內有一個驚人的布滿分支管道的網絡，稱為血管，它攜帶着血液在你全身流動。血液給你的身體細胞提供了它們所需的食物和氧氣，使你可以存活。你的心臟會把血液泵送到血管。

布滿全身

在右圖中，你可以看到一些血管把血液從你的心臟輸送到身體各個部位，然後再回到心臟。動脈（紅色部分）負責把血液從心臟向外輸送，而靜脈（藍色部分）則負責把血液帶回心臟。

你身體內的**血管總長度**大約有**10萬公里**，足以環繞地球兩圈！

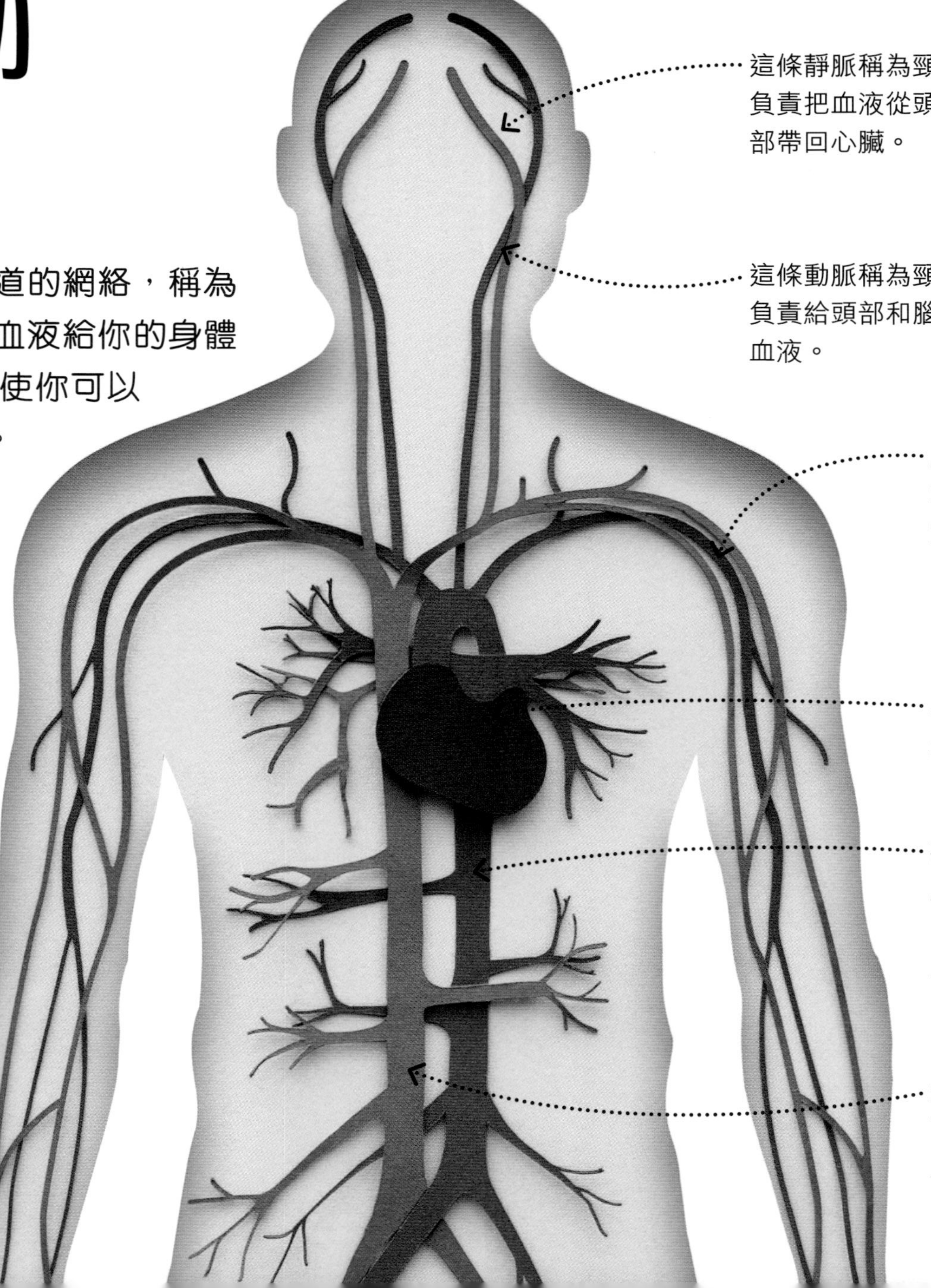

這條靜脈稱為頸靜脈，負責把血液從頭部和腦部帶回心臟。

這條動脈稱為頸動脈，負責給頭部和腦部提供血液。

肱動脈負責把含氧量高的血液輸送到肌肉和手臂的其他部位。

心臟負責把血液泵到血管。

離開心臟的主要動脈稱為大動脈。它比成年人拇指的闊度還要大。

這條大靜脈，稱為下腔靜脈，負責把血液從下半身輸送回心臟。

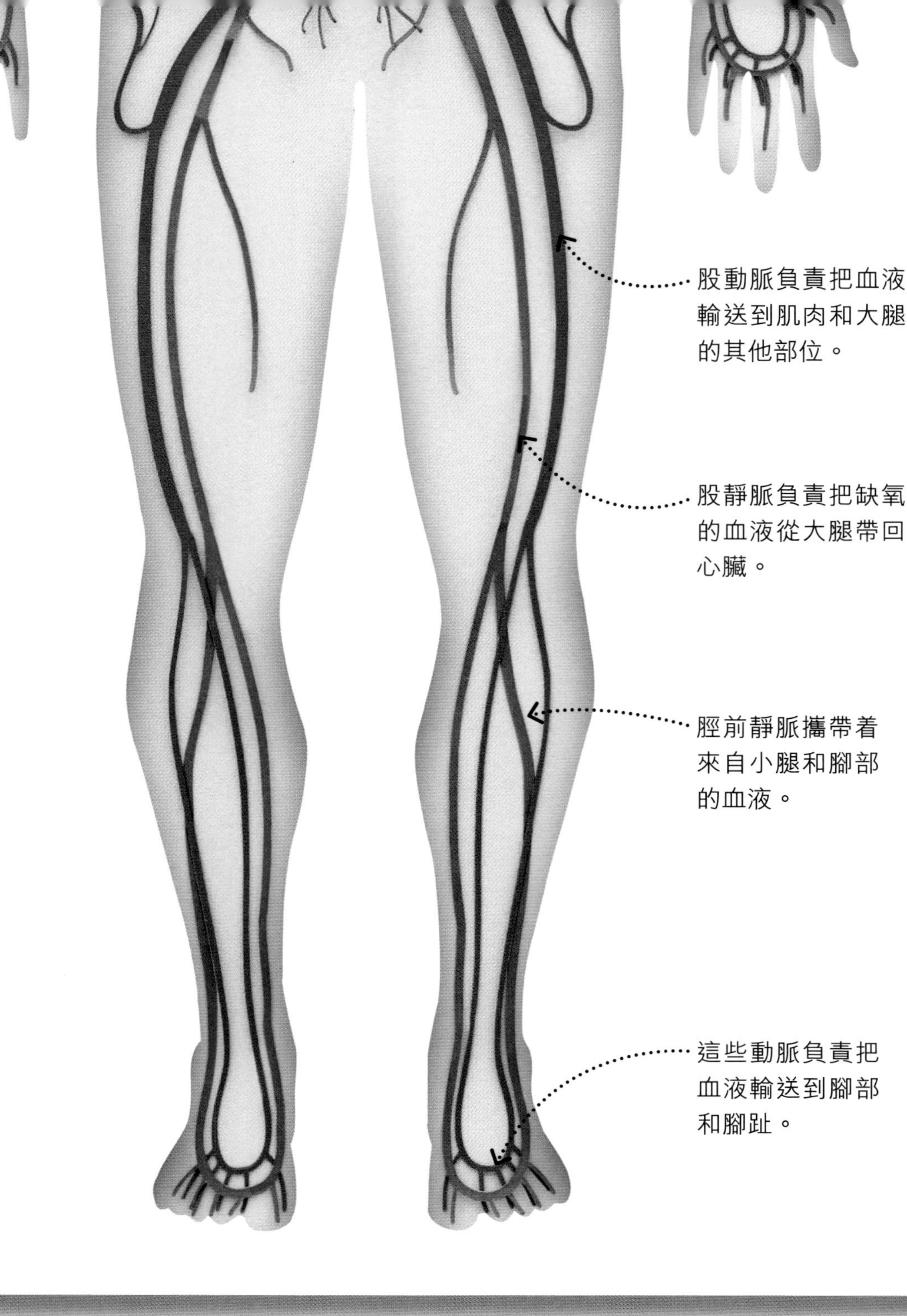
股動脈負責把血液
輸送到肌肉和大腿
的其他部位。
股靜脈負責把缺氧
的血液從大腿帶回
心臟。
脛前靜脈攜帶着
來自小腿和腳部
的血液。
這些動脈負責把
血液輸送到腳部
和腳趾。

動脈

動脈的管壁厚，而且富有彈性。當心臟泵血流經動脈時，它會變闊。

靜脈

靜脈的管壁比動脈的薄，而且裏面有瓣膜，可以防止血液回流。

微絲血管

微絲血管是血管中最小的類型。它的管壁只有一個細胞那麼厚。

血管

人體有三種不同類型的血管。動脈負責攜帶含氧量高的血液離開心臟。靜脈負責把含氧量低的血液帶回心臟。微絲血管（因太小而無法在右圖中顯示出來）把動脈和靜脈連接起來，並給細胞提供食物和氧氣。

血液裏面有什麼？

血管攜帶着血液進出你全身的細胞。你的心臟每天不斷地跳動十萬次，把這種紅色的液體泵送到全身。血液給你的細胞提供了它們所需要的一切，使你的身體能運作。

血細胞

血液是由不同類型的細胞組成的。它們漂浮在一種稱為血漿的液體中。紅血球是血細胞中最常見的類型，它們使血液變成紅色，並攜帶着氧氣。白血球負責對抗病菌。如果你受傷了，血液中有一種稱為血小板的細胞碎片，能幫助你的血液凝結。

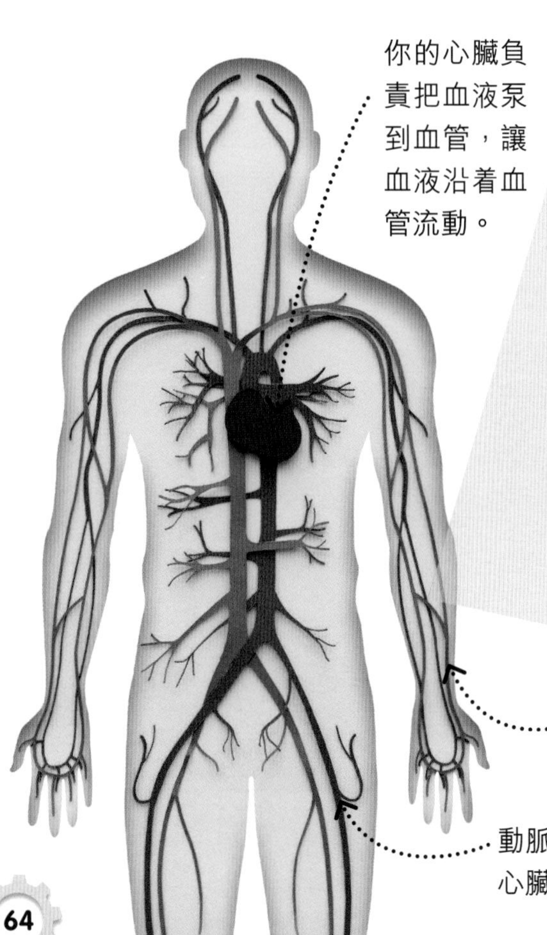

你的心臟負責把血液泵到血管，讓血液沿着血管流動。

靜脈負責把血液從身體帶回心臟。

動脈負責把血液從心臟輸送到身體。

紅血球負責把氧氣從肺部輸送到身體各個部位。

血漿是一種液體，在它裏面漂浮着血細胞和血小板。

血小板是呈圓盤狀的細胞碎片。它們透過形成血凝塊來塞住破損血管的洞。

白血球透過殺死引起疾病的病菌來保護你的身體。

一滴針頭大小般的血平均含有**500萬個紅血球。**

血液變濃稠

在高山上，空氣含氧量低於海平面。一開始，登山人士難以吸入足夠的氧氣，但慢慢地，他們的身體會製造額外的紅血球，以便從空氣中獲得更多的氧氣。這些額外的紅血球會使他們的血液變得濃稠。

心跳的作用

你的心臟跟拳頭一樣大，是一個強大的肌肉泵，可以把血液泵到全身。它從不休息地一直在跳動，給你的身體提供氧氣、養分和其他必需品，並去除身體內的廢物。

接收和發送

你的心臟是由兩個泵合而為一的，分開左右兩側。右側負責接收來自身體的血液，並把它發送到肺部，以吸收氧氣。左側則負責接收來自肺部的血液，並把它發送到你的身體。

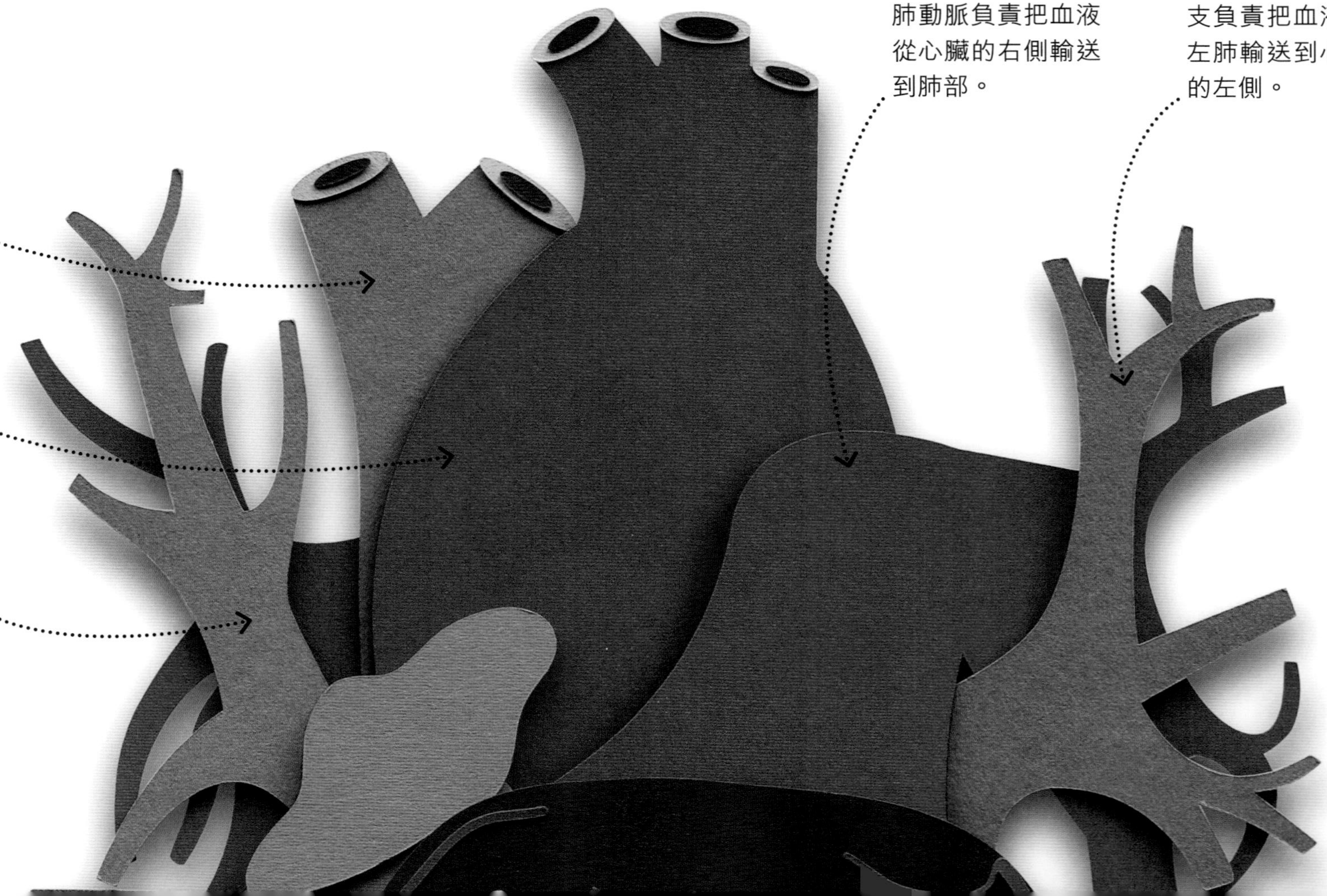

這條大靜脈稱為上腔靜脈，負責把血液從上半身輸送到心臟。

最大的動脈是大動脈。它負責把血液從心臟的左側輸送到身體。

肺靜脈的這個分支負責把血液從右肺輸送到心臟的左側。

肺動脈負責把血液從心臟的右側輸送到肺部。

肺靜脈的這個分支負責把血液從左肺輸送到心臟的左側。

冠狀動脈提供含氧量高的血液給心臟的肌肉壁。

第二大靜脈稱為下腔靜脈，負責把血液從下半身輸送到心臟。

肺動脈的這個分支負責把血液輸送到左肺。

心臟厚厚的壁是由肌肉細胞組成的。透過肌肉細胞收縮，就能使心臟跳動，而且它永遠不會覺得疲倦。

發動機燃料

你的心臟就像汽車的引擎一樣，需要燃料和氧氣來維持它的跳動。這些燃料和氧氣由包住心臟的冠狀動脈輸送到各分支，再送入它的肌肉壁。左圖是使用特殊類型的X光拍下的血管造影照片，從中你就可以看到它們(紅色部分)。

你的**心臟每天跳動大約10萬次**，而且從來沒有休息過。

每一下的心跳過程

心臟每一次的跳動少於一秒鐘。在每次跳動期間，含氧量低的血液（藍色）會進入心臟的右側，並被泵到肺部。同時，含大量氧氣的血液（紅色）會進入心臟的左側，並被泵到身體。

心臟在工作

每當你的心臟跳動時，它會把血液推到全身。當身體需要更多氧氣時，例如做運動的時候，心臟會跳得更快，速度可以提升三倍。以下是心跳的三個階段。

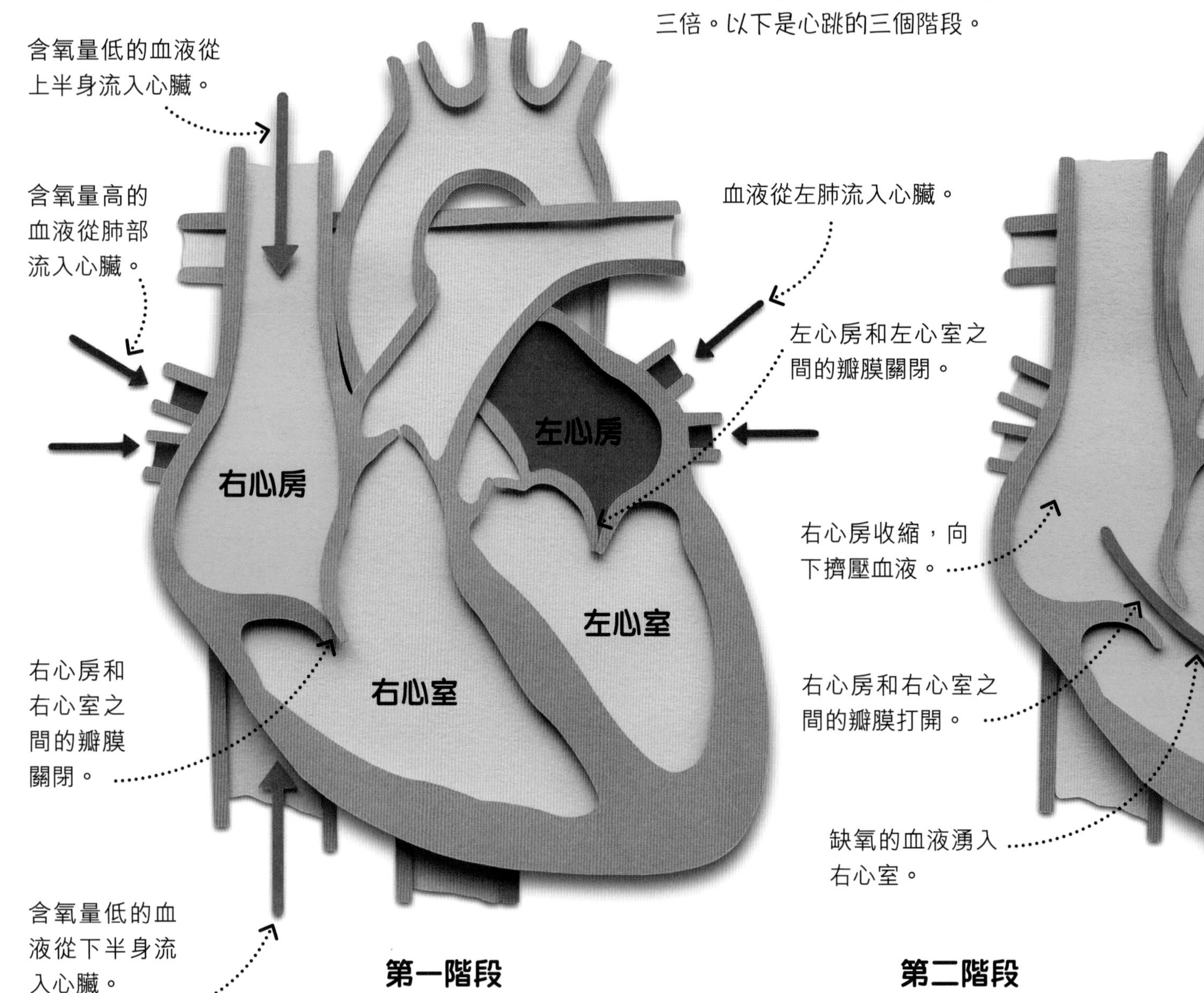

含氧量低的血液從上半身流入心臟。
含氧量高的血液從肺部流入心臟。
血液從左肺流入心臟。
左心房和左心室之間的瓣膜關閉。
左心房
右心房
右心房收縮，向下擠壓血液。
左心室
右心房和右心室之間的瓣膜關閉。
右心室
右心房和右心室之間的瓣膜打開。
缺氧的血液湧入右心室。
含氧量低的血液從下半身流入心臟。

第一階段

血液流入左右心房（心臟上半部的腔室）。

第二階段

心房收縮，把血液推入心室（心臟下半部的腔室）。

不許倒流

你的心臟內部有一些稱為瓣膜的小門簾，能確保在每次心跳期間，血液只會從心臟向一個方向流出。當心臟收縮時，瓣膜被迫打開，讓血液通過。當心臟放鬆時，瓣膜會關閉，以防止血液向後流動。

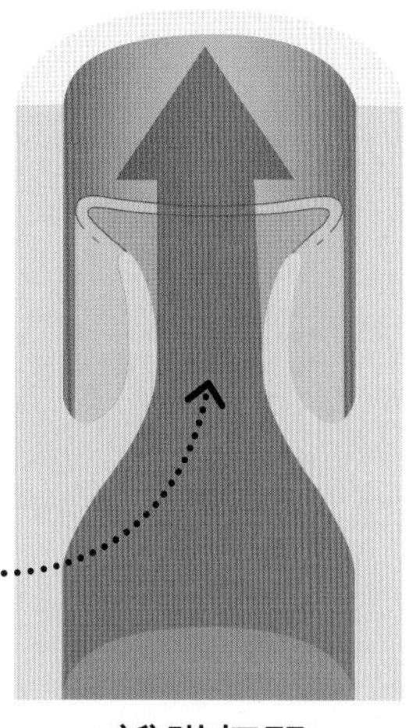
當心臟收縮時，血液透過打開的瓣膜湧出來。

瓣膜打開

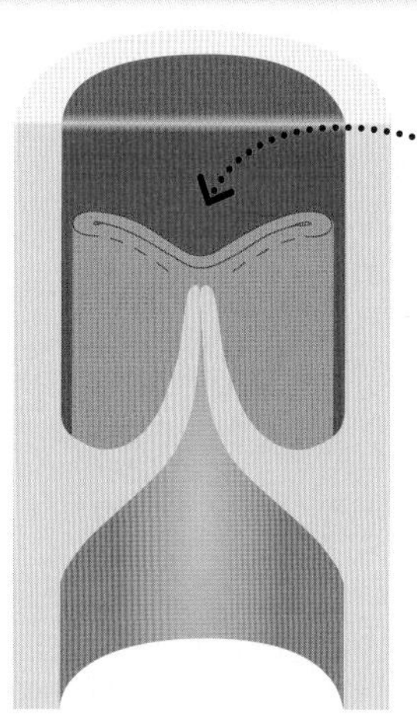
當心臟放鬆時，血液被關閉的瓣膜困住，不能倒流。

瓣膜關閉

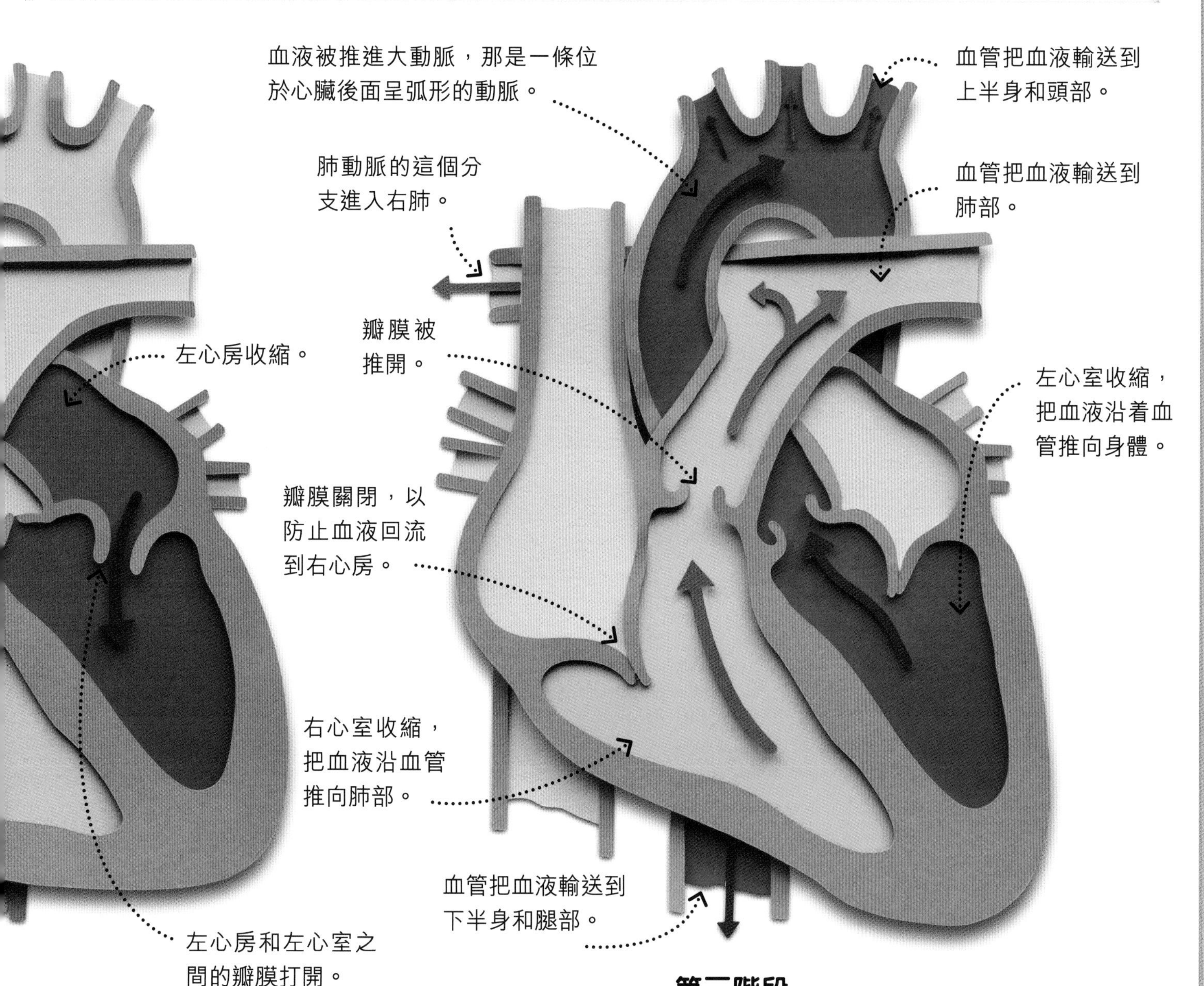
血液被推進大動脈，那是一條位於心臟後面呈弧形的動脈。
血管把血液輸送到上半身和頭部。
肺動脈的這個分支進入右肺。
血管把血液輸送到肺部。
左心房收縮。
瓣膜被推開。
左心室收縮，把血液沿着血管推向身體。
瓣膜關閉，以防止血液回流到右心房。
右心室收縮，把血液沿血管推向肺部。
血管把血液輸送到下半身和腿部。
左心房和左心室之間的瓣膜打開。

第三階段

最後，心室收縮，把血液泵出心臟。

進入肺部
感受呼吸

　　即使你睡着的時候，也不會停止呼吸。你吸入到肺部的空氣給細胞提供了釋放能量所需的氧氣，使它們和你可以存活。

為身體供應空氣

你的身體細胞需要持續有氧氣供應。它們用氧氣來釋放出能量，使它們能保持工作。透過呼吸系統，在你吸入氧氣的同時，也呼出二氧化碳。

從鼻子到肺部

你的呼吸系統由呼吸道和肺部（分成左肺和右肺）組成。含氧量高的空氣會經過鼻子、喉嚨和氣管被吸入身體，然後沿着呼吸道網絡進入肺部。含有二氧化碳的空氣則以相反的方向呼出。

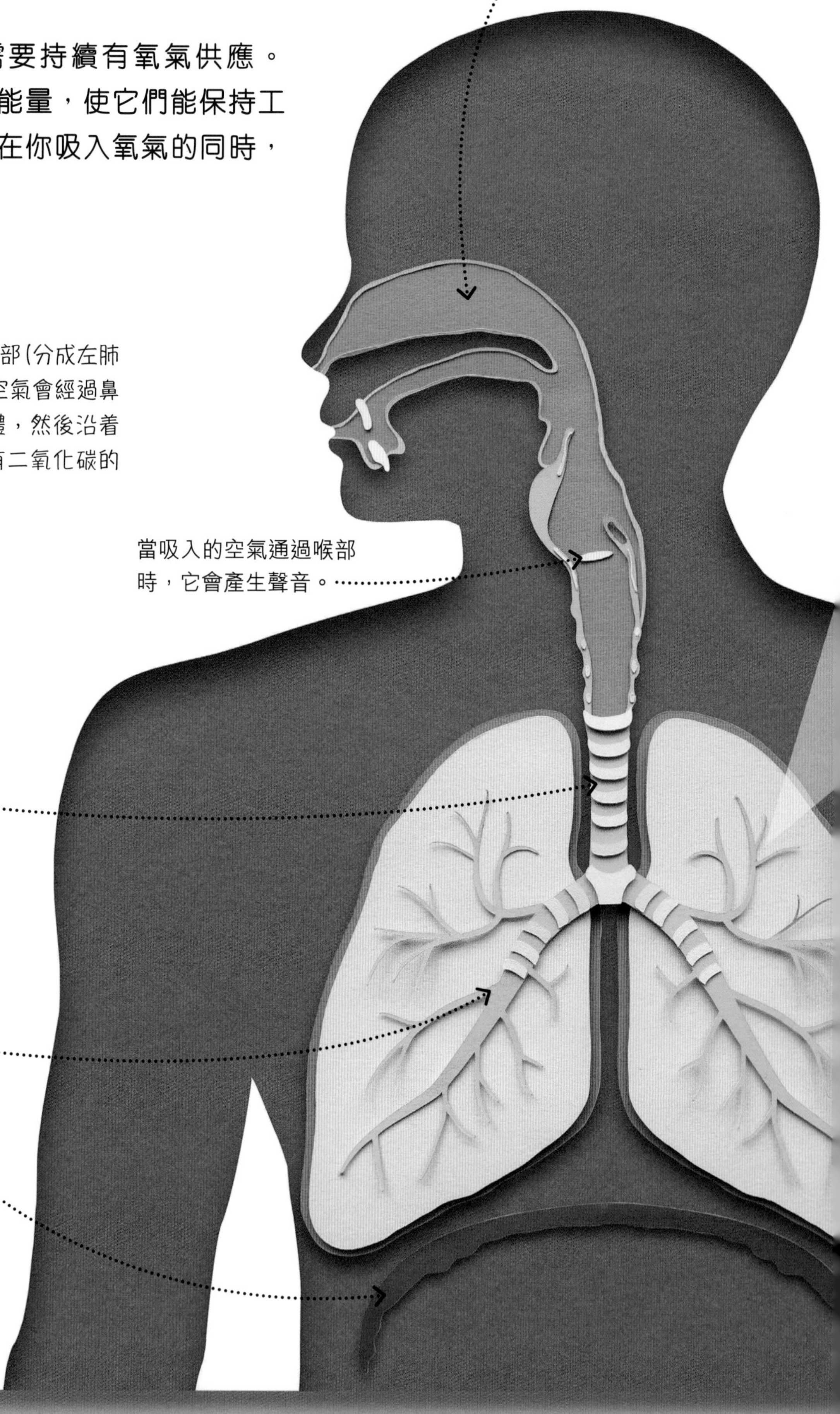

鼻腔能溫暖、濕潤和過濾被吸入的空氣。

當吸入的空氣通過喉部時，它會產生聲音。

氣管是負責輸送空氣來往肺部的管道。

由氣管分支出來的呼吸道稱為支氣管，而由支氣管再分成較小的分支，則稱為小支氣管。

這肌肉稱為橫膈膜，它把胸部和腹部隔開，同時有助於呼吸。

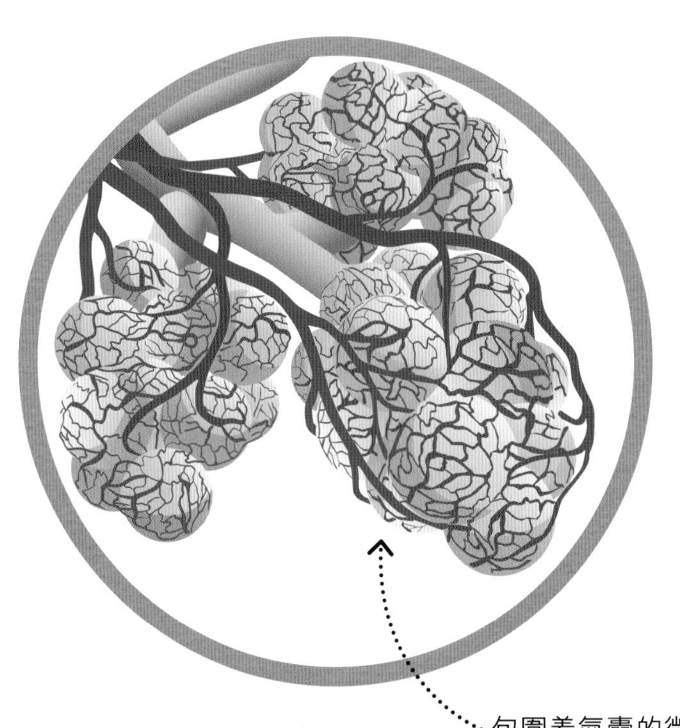

氣囊

你肺部的30,000個小支氣管中，每一個的末端都是一束束的小氣囊。在這裏，氧氣會進入你的血液，同時二氧化碳會排出來。如果把你肺部(左肺和右肺)的氣囊全部加起來，將組成一個巨大的表面，是皮膚表面的50倍，透過它可以迅速地進行氧氣與二氧化碳的交換。

包圍着氣囊的微絲血管網絡送來缺氧的血液（藍色），同時帶走富含氧氣的血液（紅色）。

一片指甲可以容納**超過1,000個肺部小氣囊**。

氧氣供應

你吸入氧氣，並呼出二氧化碳。那麼，是什麼令地球的氧氣供應不會耗盡？答案就是植物。白天時，植物會利用陽光為自己製造食物。這個過程需要使用二氧化碳，同時會釋放出氧氣到空氣中。

二氧化碳

氧氣

每一下的呼吸過程

無論是在白天還是在晚上，你都會不間斷地呼吸，把空氣吸進你的肺部。空氣中含有你身體所需要的氧氣，而你會呼出含有二氧化碳的不新鮮的空氣。呼吸可以確保你的身體細胞不斷地有氧氣供應，並且不會受到二氧化碳的影響。

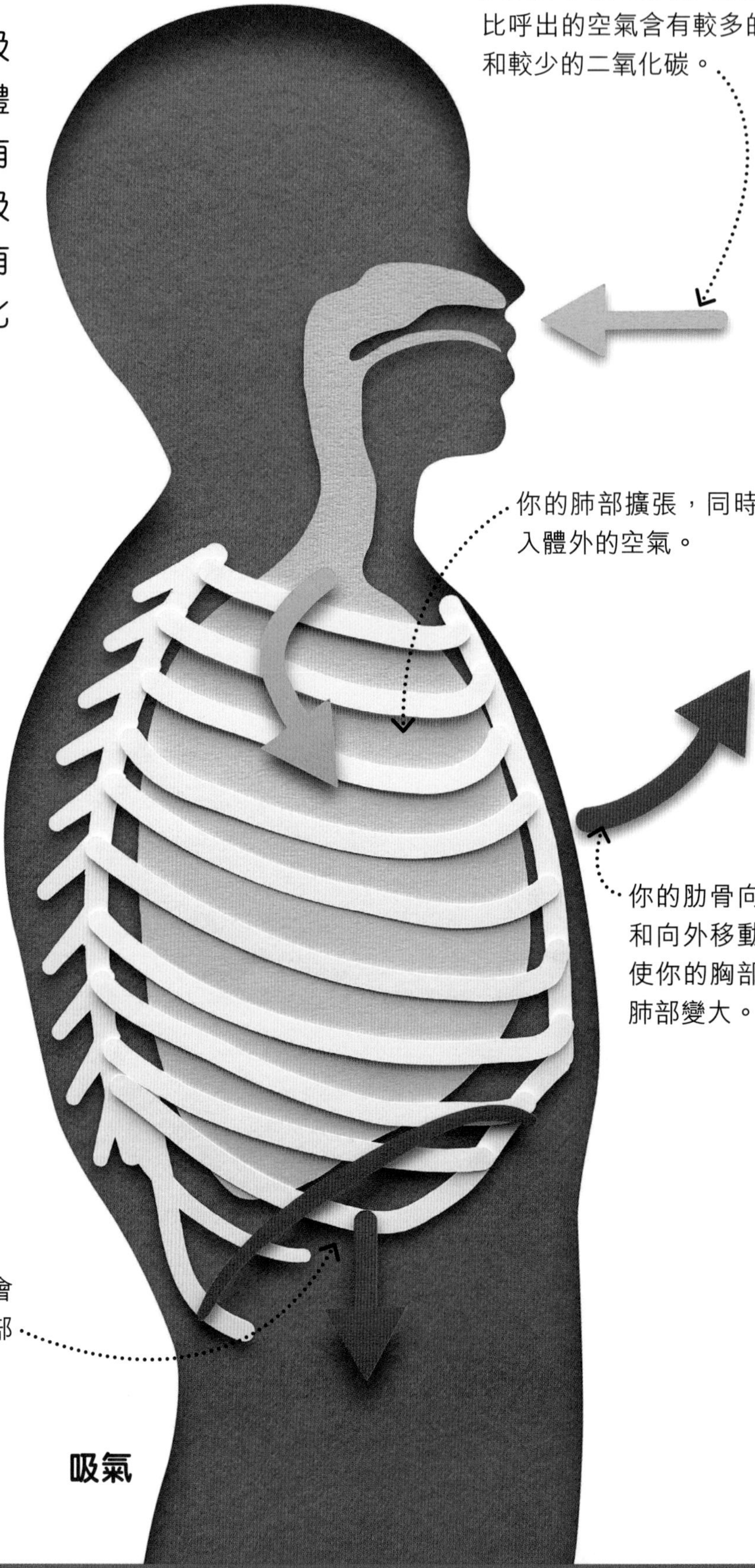

通過鼻子和口部吸入的空氣，比呼出的空氣含有較多的氧氣和較少的二氧化碳。

你的肺部擴張，同時吸入體外的空氣。

吸氣和呼氣

你的肺部不能靠它自己活動來讓你呼吸。有一個呈拱形的肌肉，稱為橫膈膜，可以幫助這一點。它與肋骨之間的肌肉一起工作，讓你可以吸氣和呼氣。

你的肋骨向上和向外移動，使你的胸部和肺部變大。

當橫膈膜收縮時，它會變得平坦，同時使肺部向下擴展。

吸氣

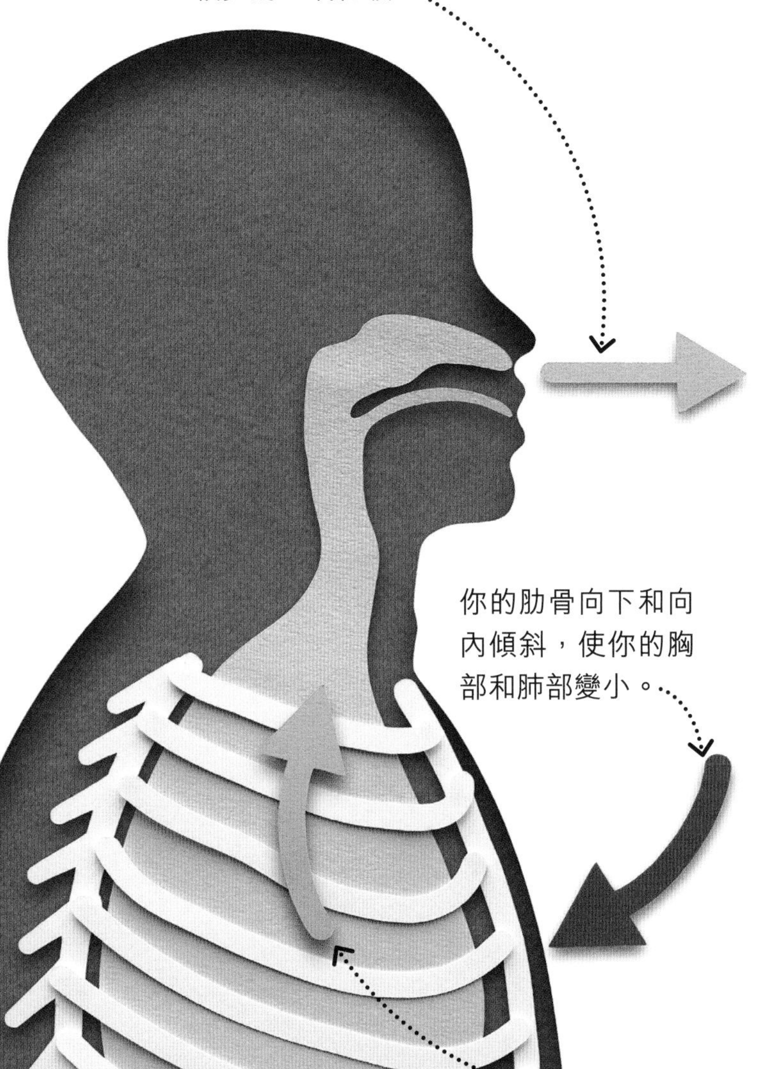
你呼出的空氣比吸入的
空氣含有較少的氧氣和
較多的二氧化碳。
你的肋骨向下和向
內傾斜，使你的胸
部和肺部變小。
你的肺部被擠壓，把
空氣推出你的身體。
你的橫膈膜放鬆，
並向上推，使肺部
變小。
呼氣

屏住呼吸

人類與魚類不一樣，不能在水中呼吸。但是，有些人可以透過屏住呼吸，在水中逗留一分鐘左右。還有些經過訓練的自由潛水員，潛水時不使用氧氣瓶，卻可以更長時間地屏住呼吸，並潛入水中超過200米的深度。

你**每天呼吸**大約
20,000次。

聲音怎樣從口腔發出來？

只有人類可以用說話來溝通。透過在你喉嚨裏稱為聲帶的皺褶狀組織之間的空氣爆發，就能產生說話的聲音了。然後，這些聲音會被口部塑造成話語說出來。

發出聲音

你的兩片聲帶可以在喉嚨裏的喉部拉伸。當它們被拉在一起時，空氣會被推到它們之間，使它們振動，並產生聲音。這些聲音會在喉嚨和鼻子之間的空間被放大。

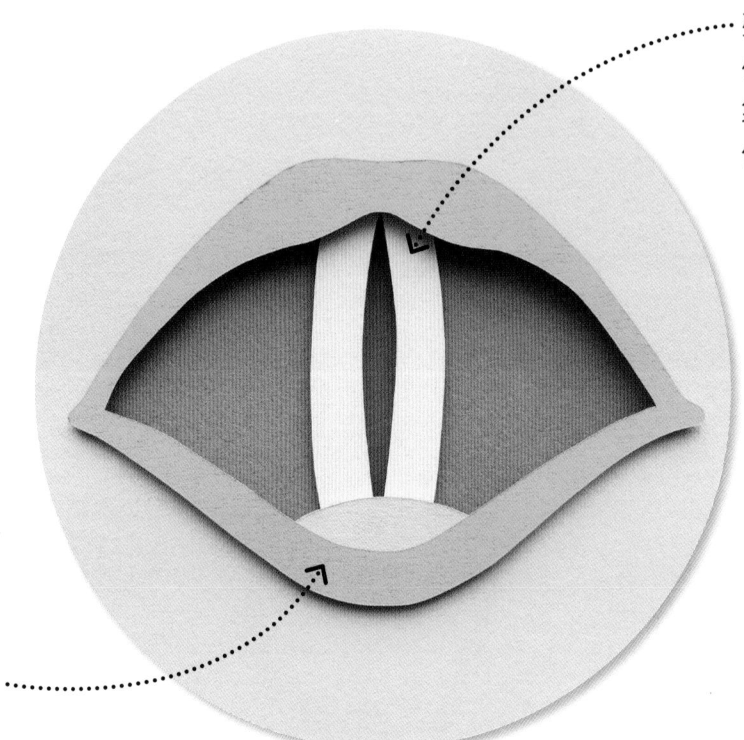

聲帶被拉近了，使來自肺部的空氣只可以通過這個小間隙。
肌肉拉動喉部，使聲帶收緊和關閉。

呼吸

當喉部壁上的肌肉放鬆時，聲帶會打開並分開，使空氣可以沿着氣管自由地進出肺部。

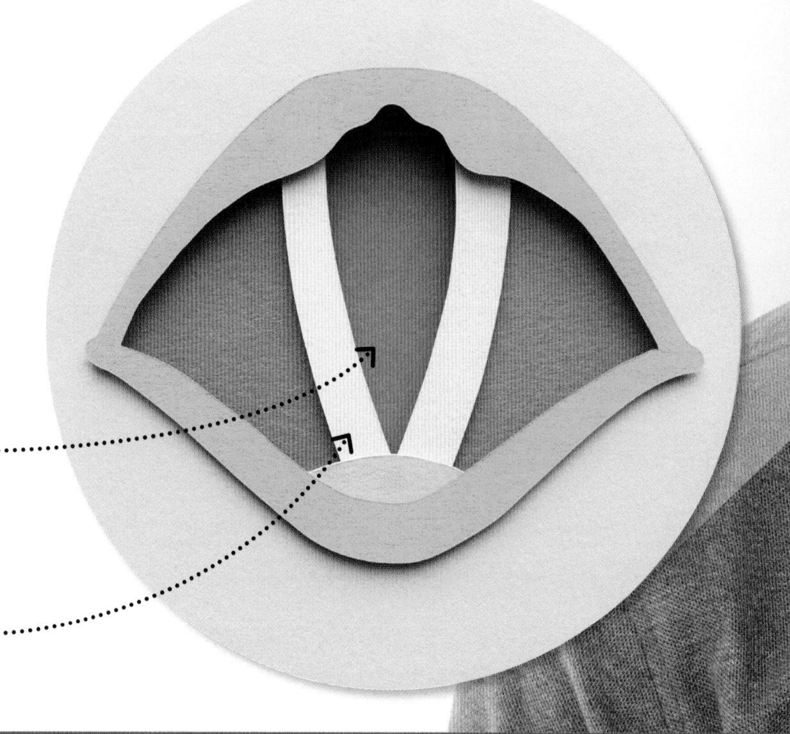

氣管負責輸送空氣進出肺部。
在正常呼吸期間，聲帶會放鬆，並完全打開。

人聲的音量範圍，可以從很小聲的耳語到如打雷一樣響亮的喊叫聲。
你的舌頭可以觸及你的牙齒、嘴巴頂部或向後拉。
你的嘴唇可以被壓在一起、張開成圓形或推擠牙齒。

塑造言語

你的聲帶所發出的聲音會被舌頭、嘴唇和牙齒塑造成話語說出來。在你腦部的指令下，它們可以控制氣流從你的嘴巴裏出來，從而產生各種各樣的聲音。

打鼾

有些人在睡着時會打鼾。在睡覺時，肌肉會放鬆，使鼻腔和喉嚨變窄，減緩了空氣進出肺部的速度。結果，鼻子、嘴巴和喉嚨的某些部分就會振動，導致人打鼾。

控制不了的呵欠與打嗝

打噴嚏是以高達**每小時160公里**的速度從鼻子裏噴出氣來。

打噴嚏、打哈欠和打嗝是一些你無法輕易控制的呼吸運動。它們是自動反射動作，其中有一些動作可以幫助你保持健康。其他的，例如打哈欠，並沒有清晰的目的，但可能有助於你的身體獲得更多氧氣，把你喚醒過來。

打噴嚏

打噴嚏時會通過鼻子發出一陣響亮的噴氣聲。它可以清除令鼻子發癢的灰塵或病菌。當你突然吸氣後，空氣被迫推出肺部，並通過鼻子向上湧出，就會發生打噴嚏了。咳嗽也是以類似的方式清理你的喉嚨。

打哈欠

我們都會打哈欠，但目前還不清楚成因。有可能是因為我們感到疲倦或無聊，又或者我們需要額外的空氣進入我們的身體。但有一點是我們知道的，如果你打哈欠，你周圍的人通常也會跟着打哈欠！

打嗝

下面的圖片顯示了打嗝時會發生什麼事。當橫膈膜收縮時，空氣被吸入肺部。你的聲帶會拍在一起發出「嗝」的聲響。如果你吃得太快，也有可能會打嗝。

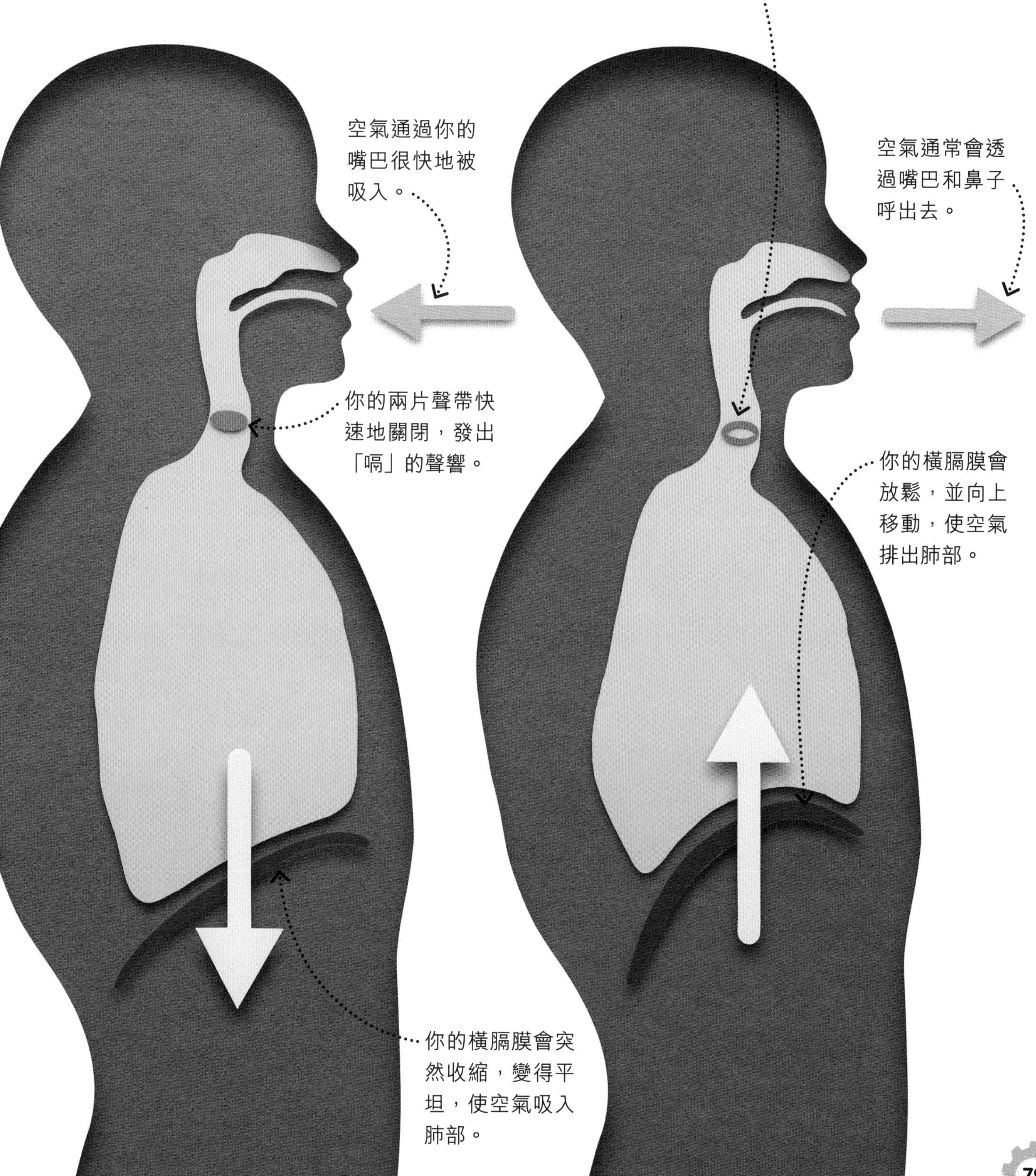

你氣管頂部的聲帶會再次打開。
空氣通過你的嘴巴很快地被吸入。
空氣通常會透過嘴巴和鼻子呼出去。
你的兩片聲帶快速地關閉，發出「嗝」的聲響。
你的橫膈膜會放鬆，並向上移動，使空氣排出肺部。
你的橫膈膜會突然收縮，變得平坦，使空氣吸入肺部。

啟動身體防禦機制

你的身體機器會不斷地受到攻擊。一些稱為病菌的微小生物經常企圖侵入你的身體，阻止它正常運作，並讓你生病。幸好你的身體機器具有優秀的防禦系統，可以打敗入侵者，阻止它們的攻擊。

身體的防禦系統

你的身體有多個聰明的方法令你保持健康。例如，你的皮膚形成了一道屏障，阻止病菌進入身體。假如真的有病菌進入了身體，白血球也能偵測到它們在哪裏，並摧毀它們。在你的血液和淋巴系統中，就住着很多白血球。

淋巴系統

構成淋巴系統的管道稱為淋巴管。它們會從身體的各個部位排出稱為淋巴的液體。當淋巴在淋巴管流動時，它會經過一些稱為淋巴結的微小腫脹組織。在這裏，白血球會偵測和摧毀外來的細菌。

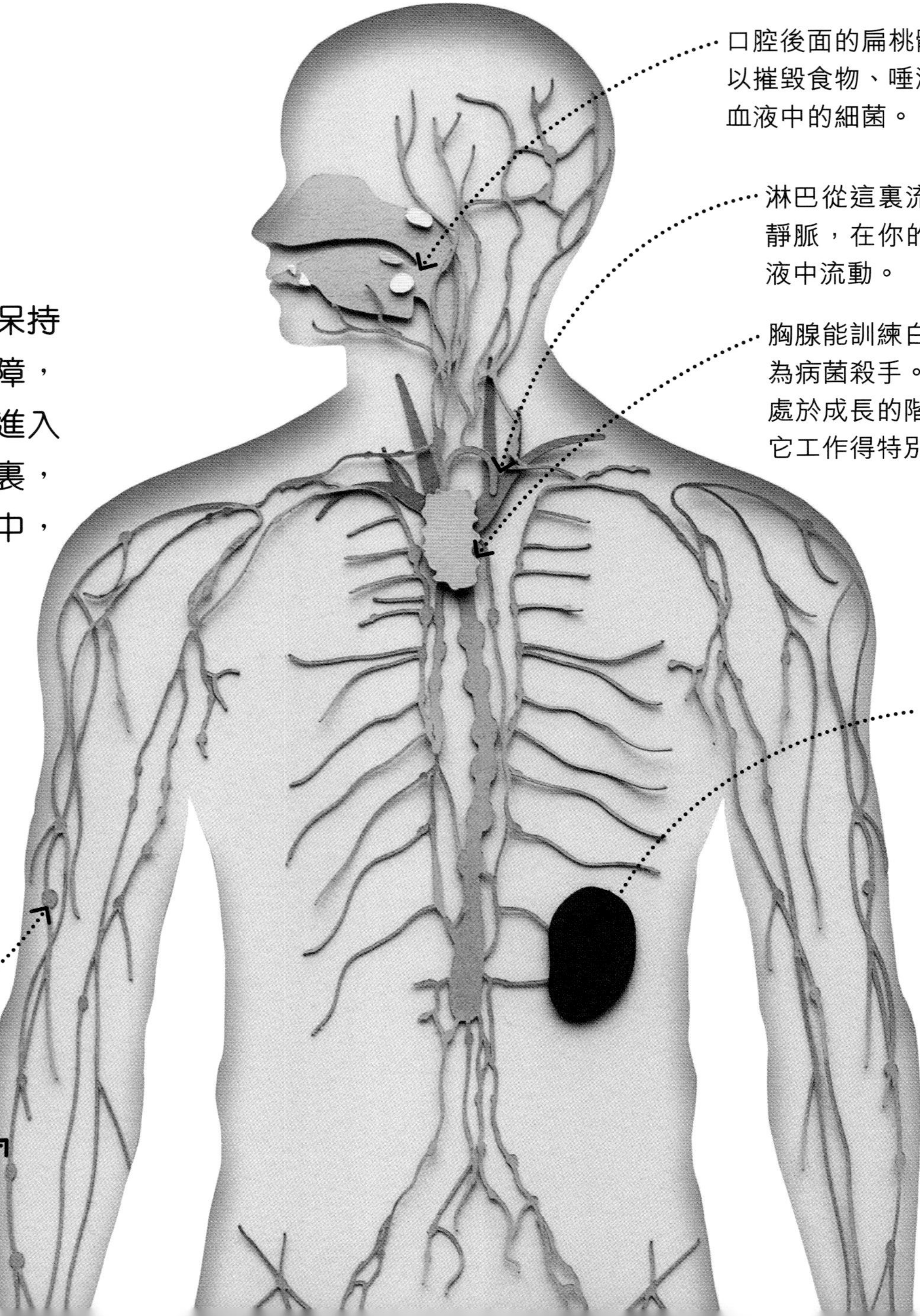

淋巴結是淋巴管上的一個微小腫脹組織，可以過濾淋巴。

淋巴管是從身體各個部位排出淋巴的管道。

口腔後面的扁桃體可以摧毀食物、唾液和血液中的細菌。

淋巴從這裏流入靜脈，在你的血液中流動。

胸腺能訓練白血球成為病菌殺手。當你還處於成長的階段時，它工作得特別努力。

脾臟是含有可以殺菌的白血球的器官。它還可以製造紅血球和白血球。

在皮膚深處的汗腺會製造汗液，並把它排放到皮膚表面。

汗液散布在皮膚表面，有助殺死有害的病菌。

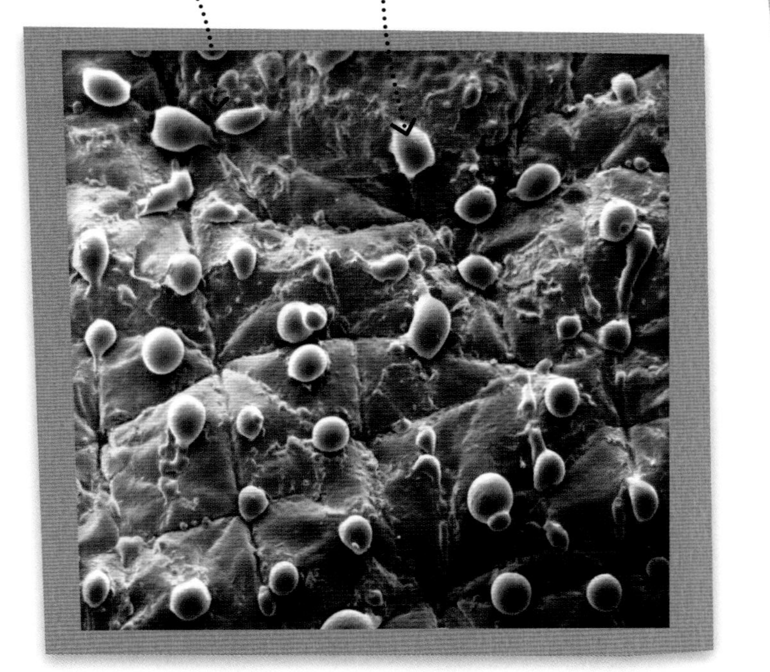

皮膚和汗液

你的皮膚不但能阻止病菌進入身體內，它還會製造汗液，裏面含有可以殺菌的化學物質。如果你的皮膚被割傷了，這些化學物質會迅速攻擊並殺死入侵的病菌。

骨髓位於骨頭內。它能製造紅血球和可以殺死病菌的白血球。

你的皮膚是數十億個**友善細菌**的家園，它們有助保護你免受疾病的侵害！

病菌和疾病

我們周圍有數以百萬計的微小生物，但它們實在太小了，使我們無法用肉眼看到。它們大多數都是無害的，但有一些被稱為病菌的，可以引致疾病。它們會進入你的身體內繁殖，使你的身體不能正常地運作。

這些微小的流感病毒可以透過咳嗽和打噴嚏傳播。它們會導致身體產生高温、疲倦和虛弱。

邪惡的病毒

病毒是所有病菌中最微小的。它們會引起感冒和流感，以及更嚴重的疾病，例如痲疹和流行性腮腺炎。病毒會入侵你身體內的細胞，把細胞變成可以產生更多病毒的工廠。然後你的身體就會出動防禦軍隊，抵抗並摧毀它們。

骯髒的手會傳播細菌和病毒，例如當一個帶有感冒病毒的人接觸到另一個人時，就會把病毒傳開了。

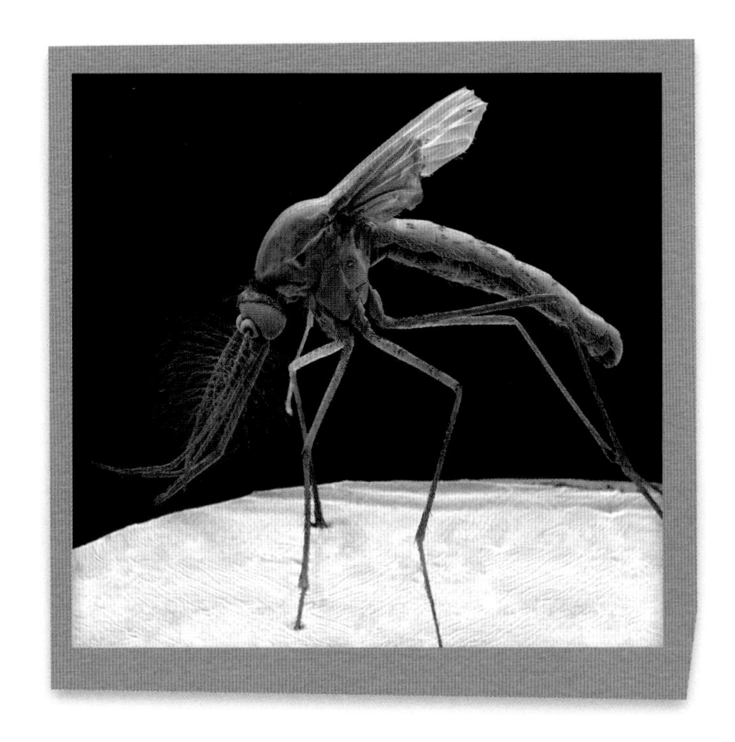

會叮咬的蟲子

有些疾病是透過會叮咬的昆蟲傳播的。例如左圖中的這隻雌性蚊子正在刺入一個人的皮膚，以吸取人的鮮血作食物。與此同時，蚊子體內的病菌會被注入到人的血液中。蚊子會傳播多種疾病，包括瘧疾，如果不及時治療，可能會導致死亡。

大約有**150種不同類型的細菌**存在於**你的手中。**

壞蛋細菌

細菌比病毒大，但比你的身體細胞小。許多細菌是無害的，甚至是有益的。但如果有壞蛋細菌入侵了你的身體，它們就會釋放出有毒的物質，稱為毒素。這些毒素有可能引致食物中毒或喉嚨痛等疾病。

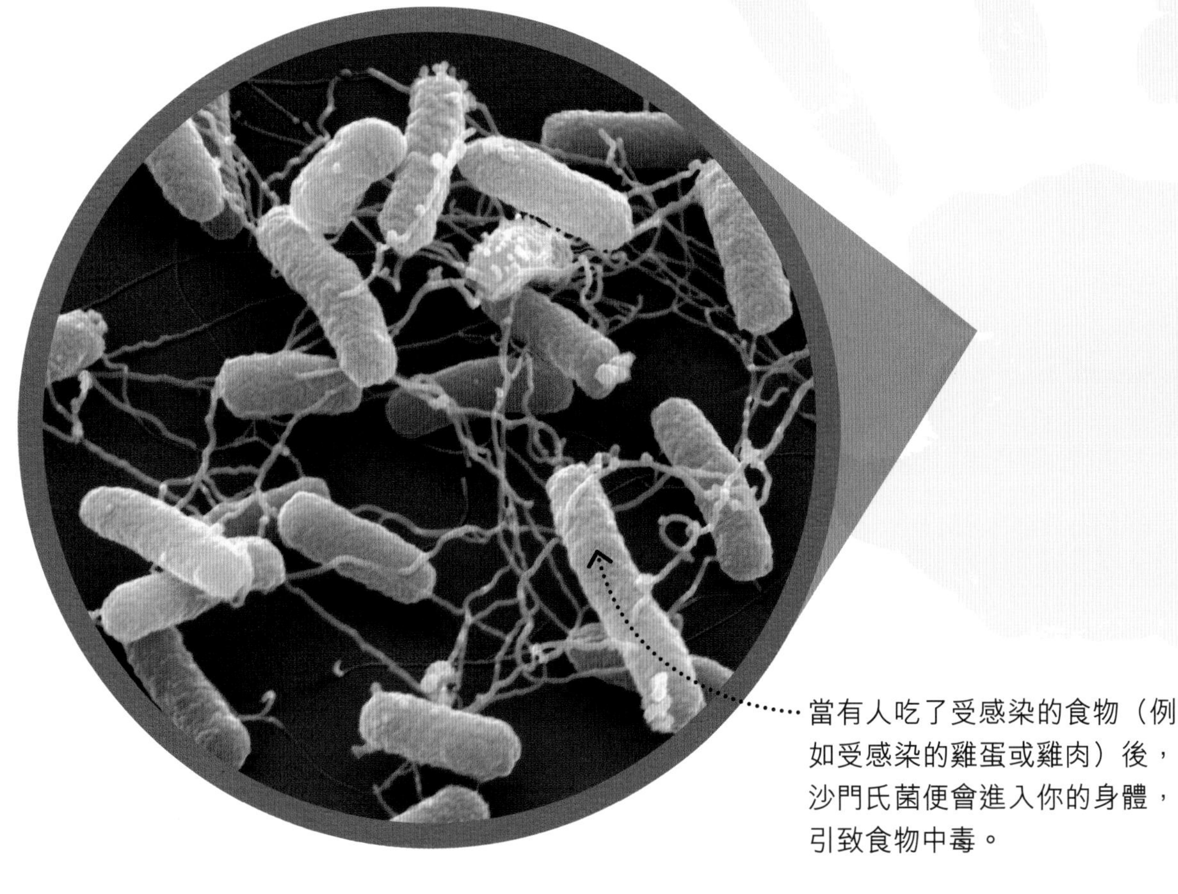

當有人吃了受感染的食物（例如受感染的雞蛋或雞肉）後，沙門氏菌便會進入你的身體，引致食物中毒。

與入侵者作戰

你的身體內有一支看不見的秘密軍隊，可以保護你免受能引起疾病的病菌傷害。數十億個白血球在你的身體內巡邏，準備好與入侵的病菌對戰，這些病菌包括了微小的單細胞生物，稱為細菌。

病菌吞噬者

許多白血球都是病菌吞噬者。它們跟隨着病菌在你的身體內到處遊走。在這篇章，你可以看到一種稱為巨噬細胞的吞噬者和兩個細菌。在那兩個細菌分裂和繁殖成為一支入侵你身體的軍隊之前，巨噬細胞已準備抓住和吞噬它們。

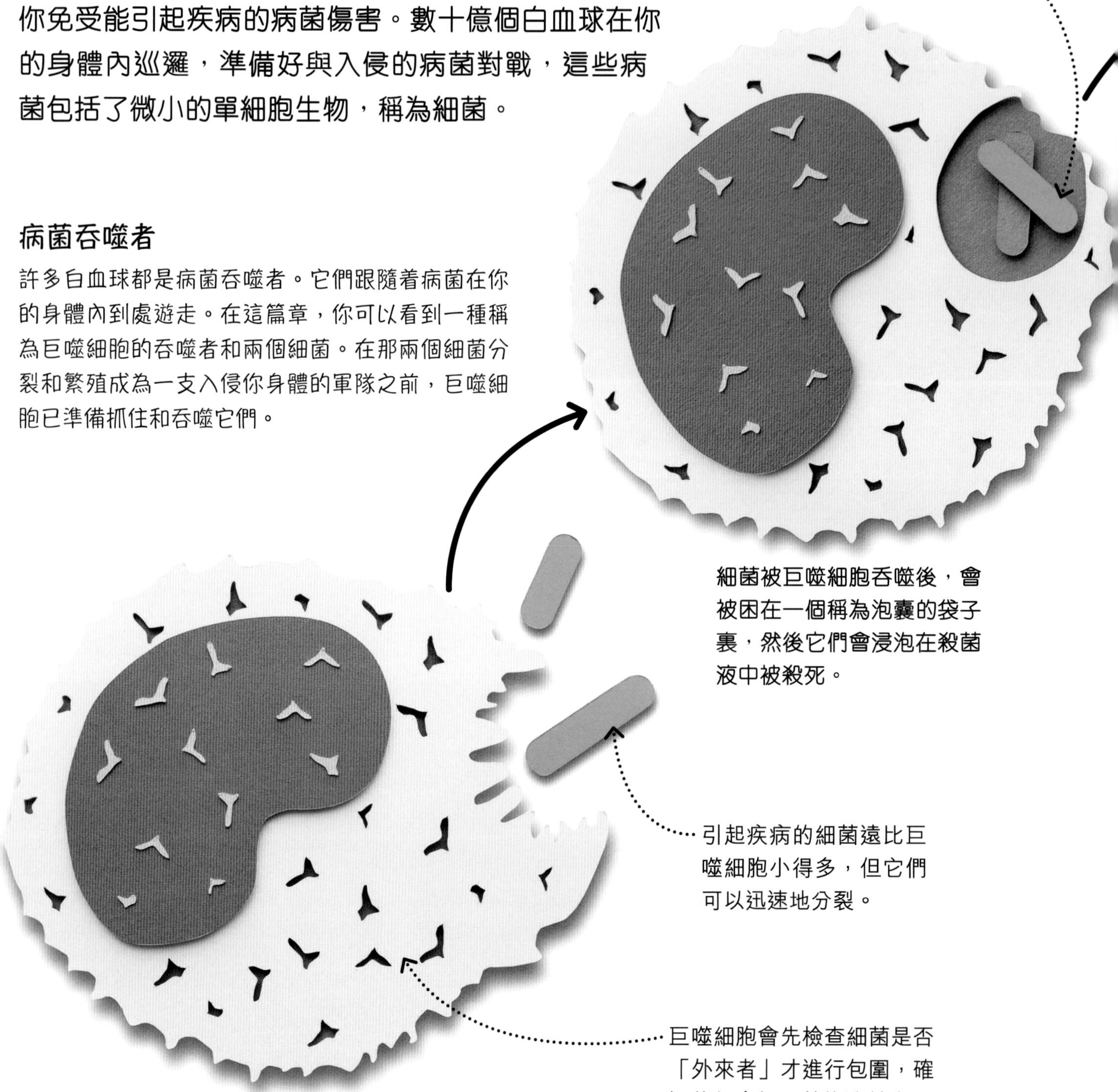

被捕的細菌浸泡在強力的化學物質中，這種化學物質能殺死細菌。

細菌被巨噬細胞吞噬後，會被困在一個稱為泡囊的袋子裏，然後它們會浸泡在殺菌液中被殺死。

引起疾病的細菌遠比巨噬細胞小得多，但它們可以迅速地分裂。

巨噬細胞會先檢查細菌是否「外來者」才進行包圍，確認後便會把細菌拉進其中。

巨噬細胞是最大的白血球。在這裏，有一個飢餓的巨噬細胞遇到了入侵身體的細菌。它改變了形狀，以便包圍敵人。

這是在細菌被吃掉後，從巨噬細胞釋放出來的碎片殘渣。

細菌一旦被吃掉後，巨噬細胞就會拋棄不要的廢物，然後繼續尋找更多的病菌。

巨噬細胞在死亡前可以**吃掉大約200個細菌。**

秘密軍隊

多種不同類型的白血球構成了日夜保衞你身體的秘密軍隊。在右圖中，你可以看到其中的三種類型：單核白血球和嗜中性白血球都會捕殺並吃掉病菌；淋巴性白血球製造的物質則可以使你對許多感染產生免疫作用。

淋巴性白血球有一個很大的細胞核。

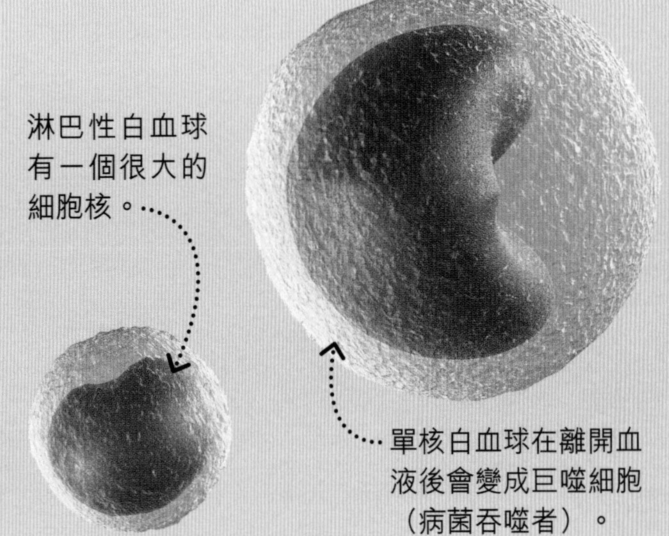

單核白血球在離開血液後會變成巨噬細胞（病菌吞噬者）。

嗜中性白血球是最常見的病菌吞噬者類型，有助於控制炎症。

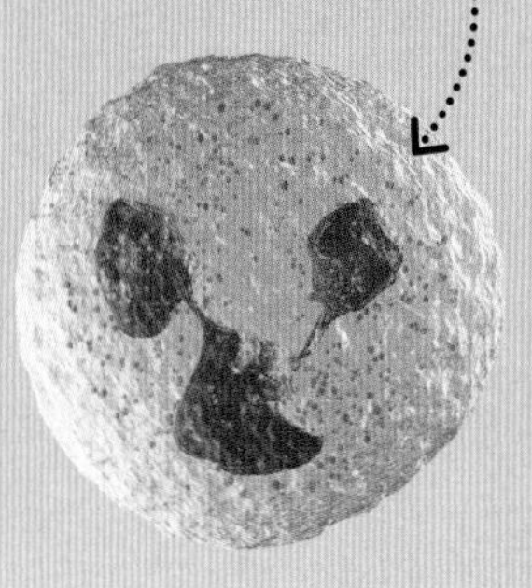

引起過敏反應

你的免疫系統可以透過摧毀「外來的」（對你的身體來說）病菌和有害物質來保護你。但在某些人身體裏，這個系統會對外來的事物產生太激烈的攻擊。我們把這種反應稱為過敏，它會讓你生病。

這裏的每一顆都是被放大了很多倍的微小花粉粒。

花粉症

常見的過敏症有花粉症。它是透過吸入來自植物的微小花粉粒而引起的。如果過敏者的免疫系統攻擊花粉粒，那麼他的鼻子和喉嚨內膜都會受到刺激，導致打噴嚏、流鼻涕和眼睛痕癢。

哮喘

哮喘可能是由對花粉、灰塵或皮屑的過敏而引起的，它會影響肺部。哮喘會令肺部裏的呼吸道變窄，使呼吸變得困難。哮喘患者可以透過使用有助擴大呼吸道的吸入器來治療。

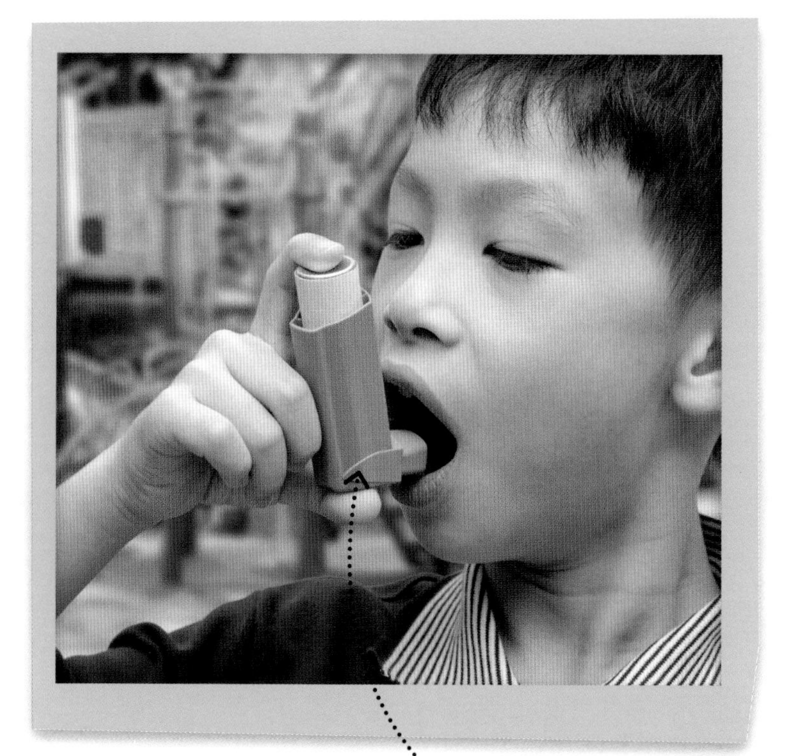

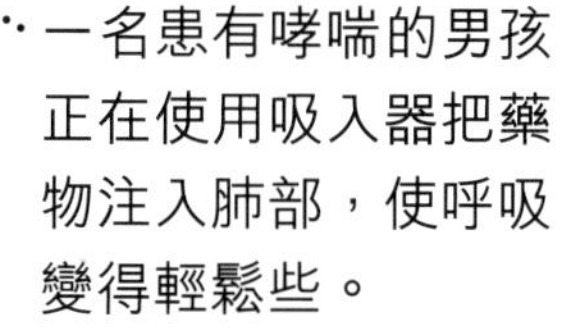

一名患有哮喘的男孩正在使用吸入器把藥物注入肺部，使呼吸變得輕鬆些。

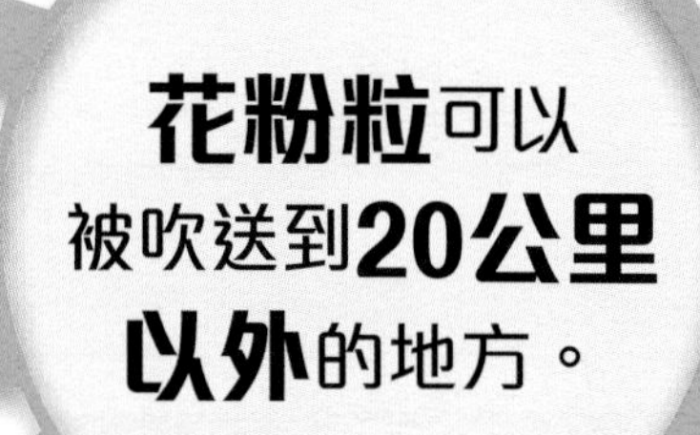
花粉粒可以被吹送到**20公里以外**的地方。

來自豚草的花粉粒是引起花粉症的常見原因。

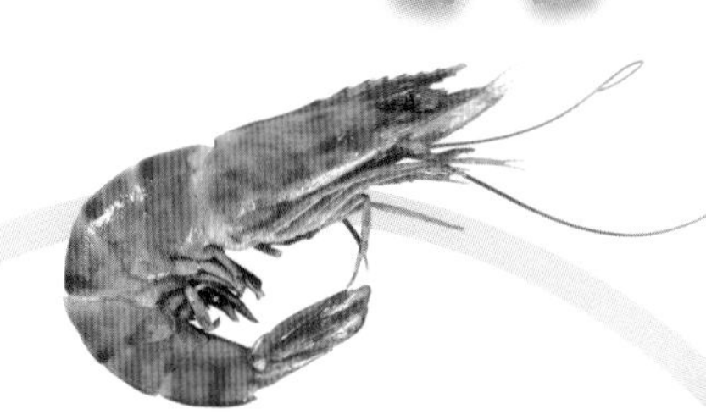

甲殼類

食物過敏症

有些人在進食某些食物時會引起過敏，例如這裏所列出的食物。引致食物過敏的效果可能會在幾分鐘內出現，或者需要數小時後才出現。患者有時會感到不舒服，更嚴重的是，有可能出現腫脹和呼吸困難的情況，那就要找醫生治療了。

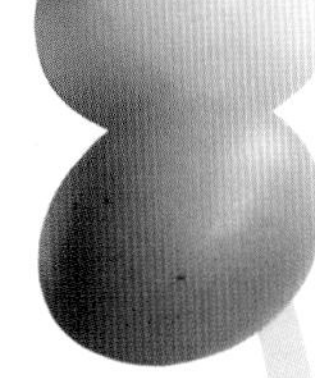

蛋

小麥

花生

奶

芝士

為身體機器加油

當你吃喝時，你可以給你的身體機器提供生存所需的燃料，並使它維持運作。在消化系統內，食物會被分解，從而釋放出能夠給細胞提供能量的關鍵養分，使它們能自我製造和取代。

填飽肚子很重要

每一天你都會感到幾次肚子餓，所以你會吃一些食物。食物能給你提供能量，幫助你成長，並修復你的身體機器。但在這之前，你所吃的食物必須被分解成小塊。這就是消化系統的工作了。

消化系統

你的消化系統是一條長長的管道：從你的嘴巴（食物從這裏進入）開始，到你肛門的開口（廢物從這裏排出來）。當食物經過消化系統的時候，會被切碎、壓碎，以及與唾液（唾液中含有稱為酶的化學物質）混合來進行分解或消化。被消化後的食物會變成簡單的物質，稱為養分，供身體使用。

當食物進入你的嘴巴裏，你的嘴唇會閉合起來，然後你的牙齒會把食物切斷並壓碎成小塊，為消化做好準備。

你的舌頭會把一團咀嚼過的食物推進你的喉嚨。

你的喉嚨會把食物從口腔後部帶進稱為食道的長管中。

食道會把食物從你的喉嚨往下輸送到胃裏。

以人類的平均壽命來計算，一個人一生會吃掉並消化掉至少**20公噸的食物。**

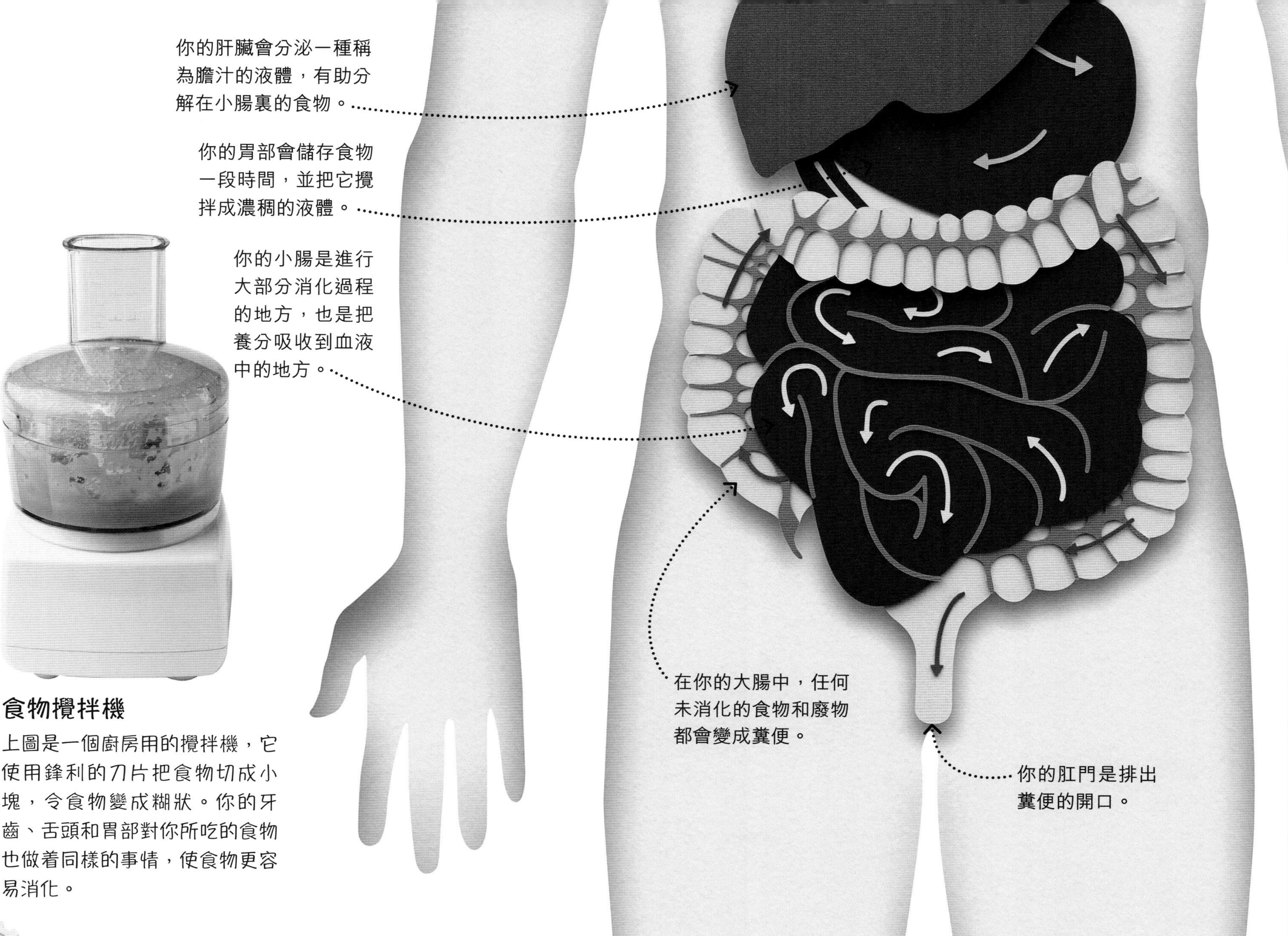
你的肝臟會分泌一種稱為膽汁的液體，有助分解在小腸裏的食物。
你的胃部會儲存食物一段時間，並把它攪拌成濃稠的液體。
你的小腸是進行大部分消化過程的地方，也是把養分吸收到血液中的地方。
在你的大腸中，任何未消化的食物和廢物都會變成糞便。
你的肛門是排出糞便的開口。

食物攪拌機

上圖是一個廚房用的攪拌機，它使用鋒利的刀片把食物切成小塊，令食物變成糊狀。你的牙齒、舌頭和胃部對你所吃的食物也做着同樣的事情，使食物更容易消化。

如何吞嚥食物？

有些動物，例如蛇，可以把食物整個吞掉，但人類無法做到。相反，在你的嘴巴裏，食物會被切成小塊、磨碎，並與唾液混合，才可以吞下。

咀嚼和吞嚥

當你吃東西時，你的牙齒會把食物切開，並咀嚼成小塊。舌頭會在牙齒之間推動食物，並把它與黏糊糊的唾液混合。經咀嚼後的食物球會被推進你的喉嚨、吞下，然後輸送到你的胃裏。

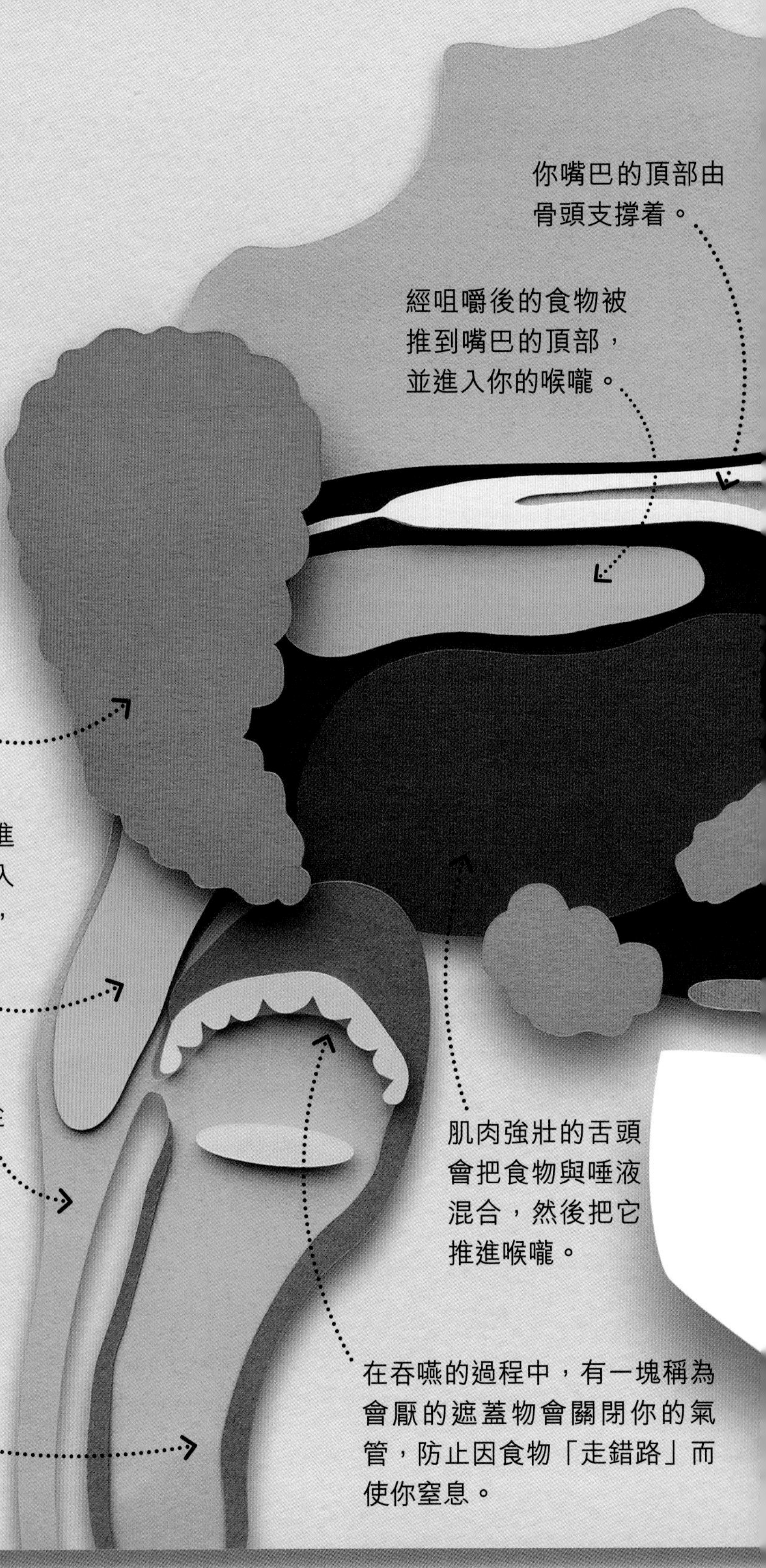

你嘴巴的頂部由骨頭支撐着。

經咀嚼後的食物被推到嘴巴的頂部，並進入你的喉嚨。

你的三組唾液腺會分泌唾液進入口中。

食物會被往下擠進你的喉嚨，再進入一條長長的管道，稱為食道。

你的食道會把食物從喉嚨輸送到胃部。

肌肉強壯的舌頭會把食物與唾液混合，然後把它推進喉嚨。

你的氣管負責把空氣輸送到肺部。

在吞嚥的過程中，有一塊稱為會厭的遮蓋物會關閉你的氣管，防止因食物「走錯路」而使你窒息。

咀嚼食物的好幫手

右圖顯示了一個成年人口中的整套牙齒，共有32顆。它包括了4種不同類型的牙齒，每種牙齒都有自己的工作。在上下顎骨裏，各有4顆門牙、2顆犬齒、4顆小臼齒和6顆大臼齒。年齡較小的孩子只有20顆乳齒，它們會逐漸被恆齒取代。

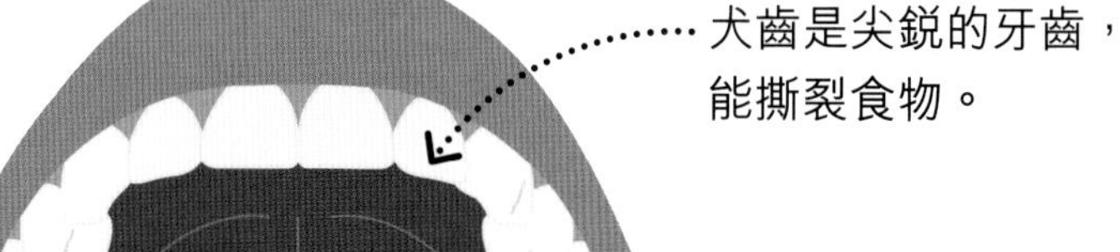

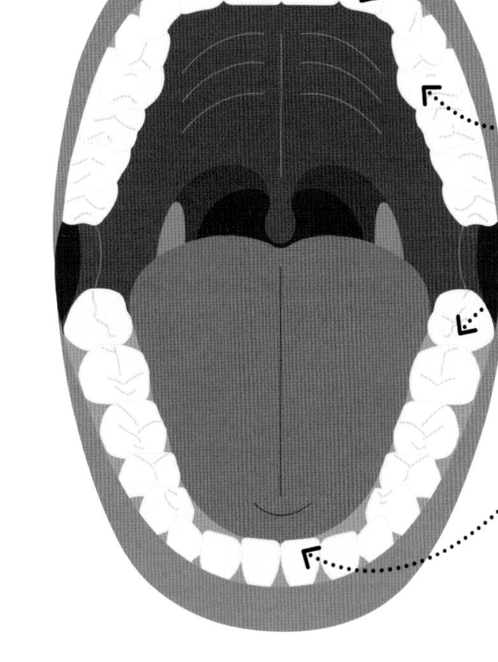
犬齒是尖銳的牙齒，能撕裂食物。
小臼齒的兩邊凸起，有助碾碎食物。
大臼齒很寬闊，而且表面凹凸不平，可以磨碎或碾碎食物。
門牙就像刀一樣，可以把食物切成小塊。

當你吃東西時，你的嘴唇會幫助你把食物拉進嘴巴裏。

你的牙齒牢固地固定在你的顎骨上。

牙齒的**琺瑯質**是你身體內**最硬**的物質。

清潔牙齒

刷牙對保持牙齒健康是非常重要的。刷牙可以清除食物殘渣，包括糖分。如果不清除食物殘渣，細菌便會以剩下的食物作食物，並會釋放酸性物質，侵蝕覆蓋着你牙齒表層堅硬的白色琺瑯質，導致蛀牙。

胃部的消化工作

你的胃部是一個呈J形的袋子，隱藏在你的肋骨下面。它有兩個重要的工作要做。首先它會收下你剛剛進食的食物，並把它攪拌成液體，然後把這些液體噴入小腸。

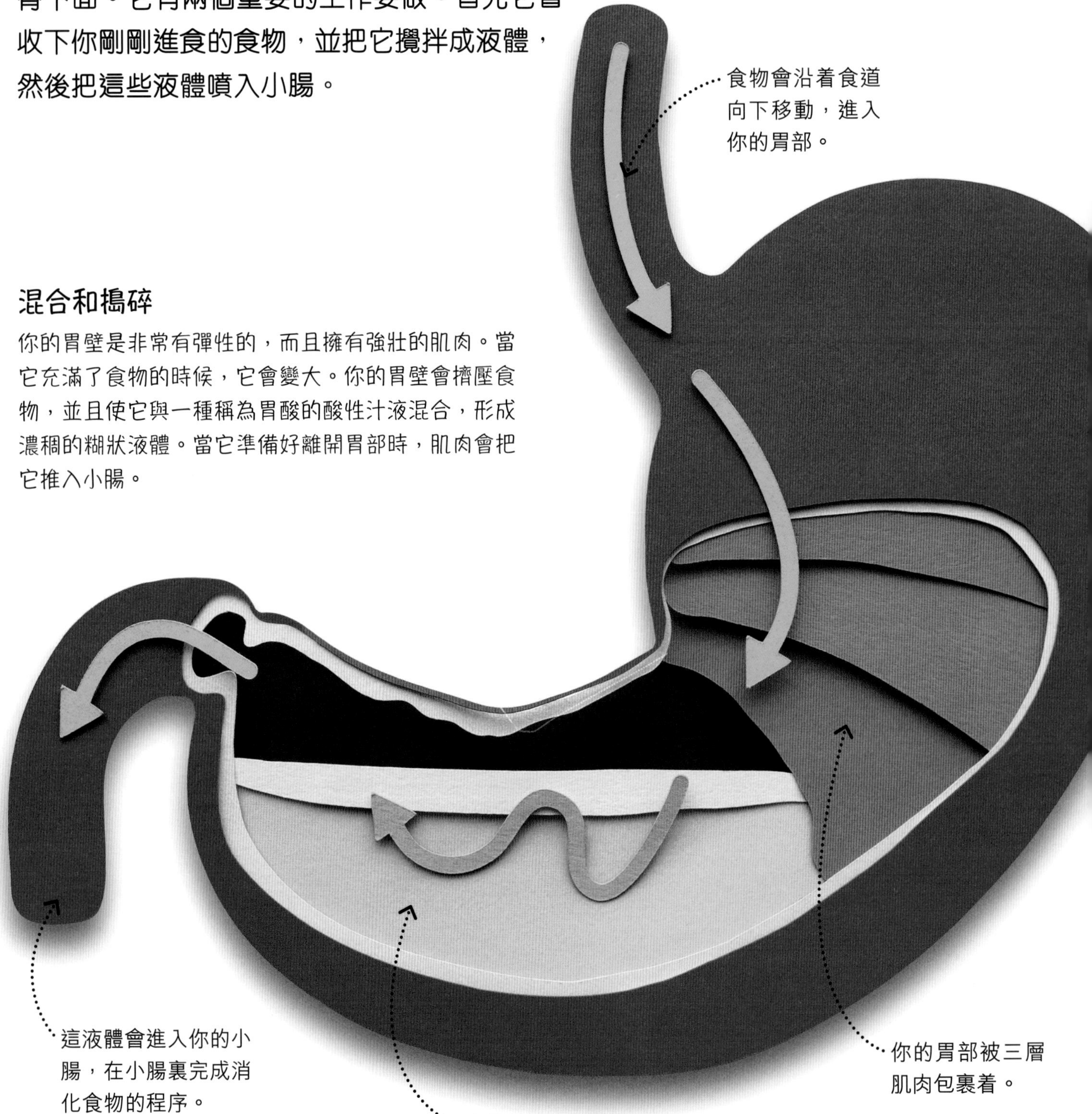

食物會沿着食道向下移動，進入你的胃部。

混合和搗碎

你的胃壁是非常有彈性的，而且擁有強壯的肌肉。當它充滿了食物的時候，它會變大。你的胃壁會擠壓食物，並且使它與一種稱為胃酸的酸性汁液混合，形成濃稠的糊狀液體。當它準備好離開胃部時，肌肉會把它推入小腸。

這液體會進入你的小腸，在小腸裏完成消化食物的程序。

你的胃部被三層肌肉包裹着。

當你的胃部擠壓並攪拌食物時，它會產生一種糊狀的液體。

儲存、攪拌和釋放

當你吃完一頓飯，你的胃部就會把吞下的食物儲存大約3小時。

吃完一頓飯後，
成年人的胃部
可擴大至正常
大小的20倍。

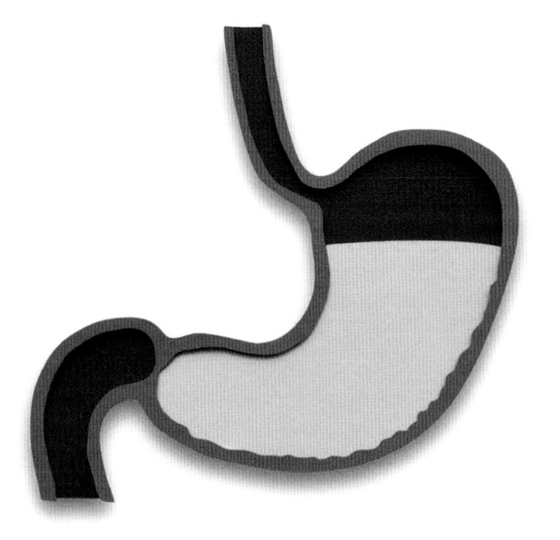

填飽

在用餐期間，胃部會開始充滿經咀嚼後的食物，並且隨着胃壁的伸展而變大。有時候，在消化過程中產生的氣體會回流到食道，導致你打嗝。

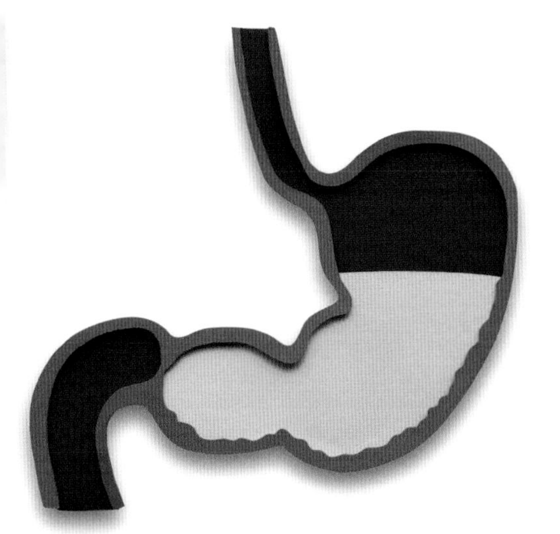

消化

在進食後的1至2小時，食物會被胃酸消化掉一部分，並攪拌成糊狀的液體。

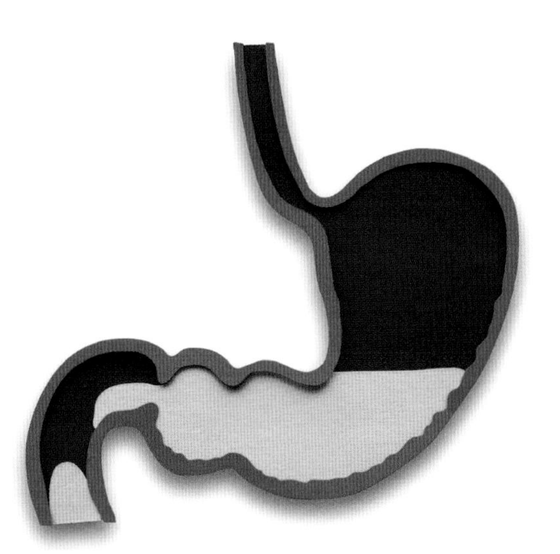

清空

在進食後的3至4小時，胃部的末端會打開，使糊狀的液體進入小腸。

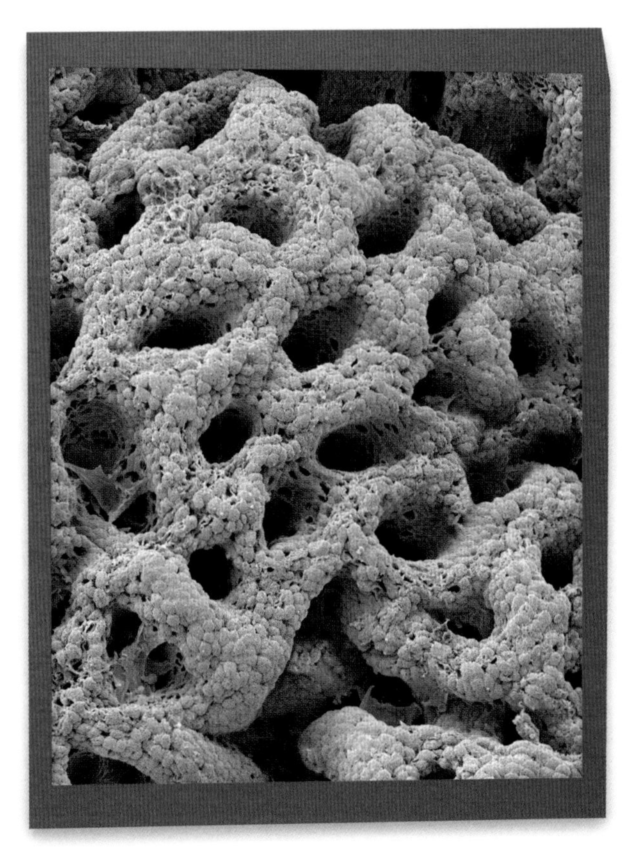

胃酸製造商

上圖是胃黏膜的特寫照片，顯示了在它的上面有很多洞。這些洞是腺體的入口。在消化過程中，這些腺體會分泌胃酸進入胃部。胃酸含有能殺死病菌的強酸，以及能消化食物中蛋白質的酶。

腸道的吸收工作

在你胃部下面盤繞着的管子，稱為腸道。其中又長又窄的小腸會完成消化食物的過程，並且吸收身體所需要的一切養分，這對於消化蔬菜來說尤為重要。而大腸則負責去掉剩餘的廢物。

你的食道負責把食物從喉嚨輸送到胃部。
你的胃部把食物攪拌成糊狀的液體。
這液體會從你的胃部被噴入小腸。
小腸的第一部分在結腸的後面經過。
含水的廢物（包括不能被消化的食物）會進入你的大腸。
你的直腸是大腸的最後部分，負責儲存糞便。
當你上廁所時，糞便會從你肛門的開口排出體外。

漫長的旅程

食物需要好幾個小時才能通過你的腸道。當它經過你的小腸時，它會被分解成你身體可以使用的簡單養分，然後進入血液中。而剩餘的廢物則會被大腸轉成糞便，然後被排出體外。

一個成年人的**小腸竟長達6米**，真是不可思議。

繼續擠壓

食物會沿着消化系統被擠壓前進，這個過程稱為蠕動。肌肉透過一收一放形成的波浪，推動着食物通過腸道。這有點像你在擠牙膏一樣。

肌肉會在食物球後面擠壓。

肌肉會放鬆，使腸道鼓起，讓食物繼續移動。

食物會隨着被擠壓和放鬆的波浪推動，沿着腸道向下移動。

結腸是大腸最長的部分，環繞着小腸。

當廢物通過結腸時，它的水分會被吸收，剩下的廢物便變成褐色的糞便。

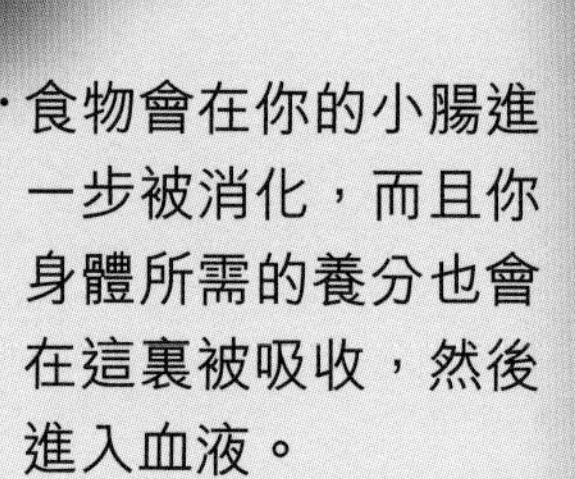

食物會在你的小腸進一步被消化，而且你身體所需的養分也會在這裏被吸收，然後進入血液。

小腸內壁上的絨毛

左圖是一些被放大很多倍的絨毛，它們就是鋪滿你小腸內壁上的微小「手指」。這些絨毛增加了腸道內部的表面面積，有助養分迅速被吸收。從這裏，養分會進入你的血液，然後輸送到你身體的細胞。

肝臟的清潔工作

肝臟是一個非常重要的化學工廠。在這個大器官裏有數百萬個細胞幫助你的身體機器正常地運作。肝臟有大約500個不同的工作，其中最重要的是處理和「清潔」血液。

在你的肝臟裏面

右圖是你的肝臟內視圖，它顯示了肝臟有兩種血液供應。動脈負責輸送氧氣，而靜脈則從你吃下的食物中帶來養分。你的肝臟會對養分進行分類，然後儲起一部分養分，並把其餘的養分輸送到身體的細胞中。它還可以分解毒素，以及釋放出熱能，讓你保持溫暖。

這些靜脈的分支負責把富含食物養分的血液輸送到肝臟的細胞。

膽囊是用來儲存膽汁的囊狀物。膽汁是一種在肝臟裏製成的液體，有助你消化脂肪類食物。

膽管負責把膽汁從膽囊輸送到小腸。

你身體內最大的動脈稱為大動脈。它負責把血液從心臟輸送到身體的其他部位。

這條靜脈負責把「乾淨」的血液從肝臟帶走。

你的**肝臟**是你身體內**最大的器官**。

這條動脈負責把充滿氧氣的血液輸送到肝臟。

這條靜脈負責把富含食物養分的血液從消化系統輸送到肝臟。

糖分控制

你的肝臟其中一項工作是儲存葡萄糖，這種糖可以給你的細胞提供能量。如果你血液中的葡萄糖含量太少，你的肝臟便會釋放出更多糖分。如果葡萄糖含量過多，例如在你喝了含糖的飲料之後，你的肝臟便會儲存起額外的葡萄糖。

身體所需的燃料

為了給你的身體提供合適的燃料，你應該吃合理的食物組合，即是不同的食物，才能讓你保持健康。食物能給你的身體提供所需的養分，使身體能夠獲得能量、生長，並存活。

均衡飲食

右圖的指南向你展示了在均衡飲食中不同食物的一般比例，讓你可以保持健康。此外，水分也很重要。我們不僅可以從飲料中獲得水分，還可以在大多數的食物中獲得水分，尤其是在水果和蔬菜中。

蔬菜含有豐富的維他命和礦物質，可以讓你保持健康。

飲用水

水佔了你身體的50%以上，是你飲食中不可或缺的一部分。沒有水，你的細胞就無法工作，你的身體機器也會因此而停止運作。

水果不但含有大量的維他命，它還提供糖分，使身體細胞可以釋放出能量；所提供的纖維，使你擁有一個健康的消化系統。

麵包、麵食和米飯含有碳水化合物，可以給你的身體提供能量。

橄欖是橄欖油的來源，與其他健康的油脂一樣，有助建構身體的細胞。

健康的油

進食少量的植物油(例如橄欖)和脂質魚(例如三文魚)，對身體健康非常重要。這些油含有脂肪酸，有助保持腦部和其他器官正常地運作。

豆類、堅果和肉類含有生長和修復所需的蛋白質。

牛奶和其他乳製品提供健康的骨骼和牙齒所需的鈣。

蝗蟲乾和其他一些昆蟲都含有**大量蛋白質**。

排出廢物的泌尿系統

細胞為你的身體機器提供動力，並會不斷地產生廢物。任何廢物，以及你身體不需要的水，都會以尿液的形式排出體外。尿液是由你身體的泌尿系統——腎臟製成的。

由腎臟開始處理廢物

你身體細胞中的廢物需要從血液中清除，這是泌尿系統的工作。當血液流經你的兩個腎臟時，就會被清洗乾淨。任何廢物和不需要的水都會以尿液的形式排出體外。

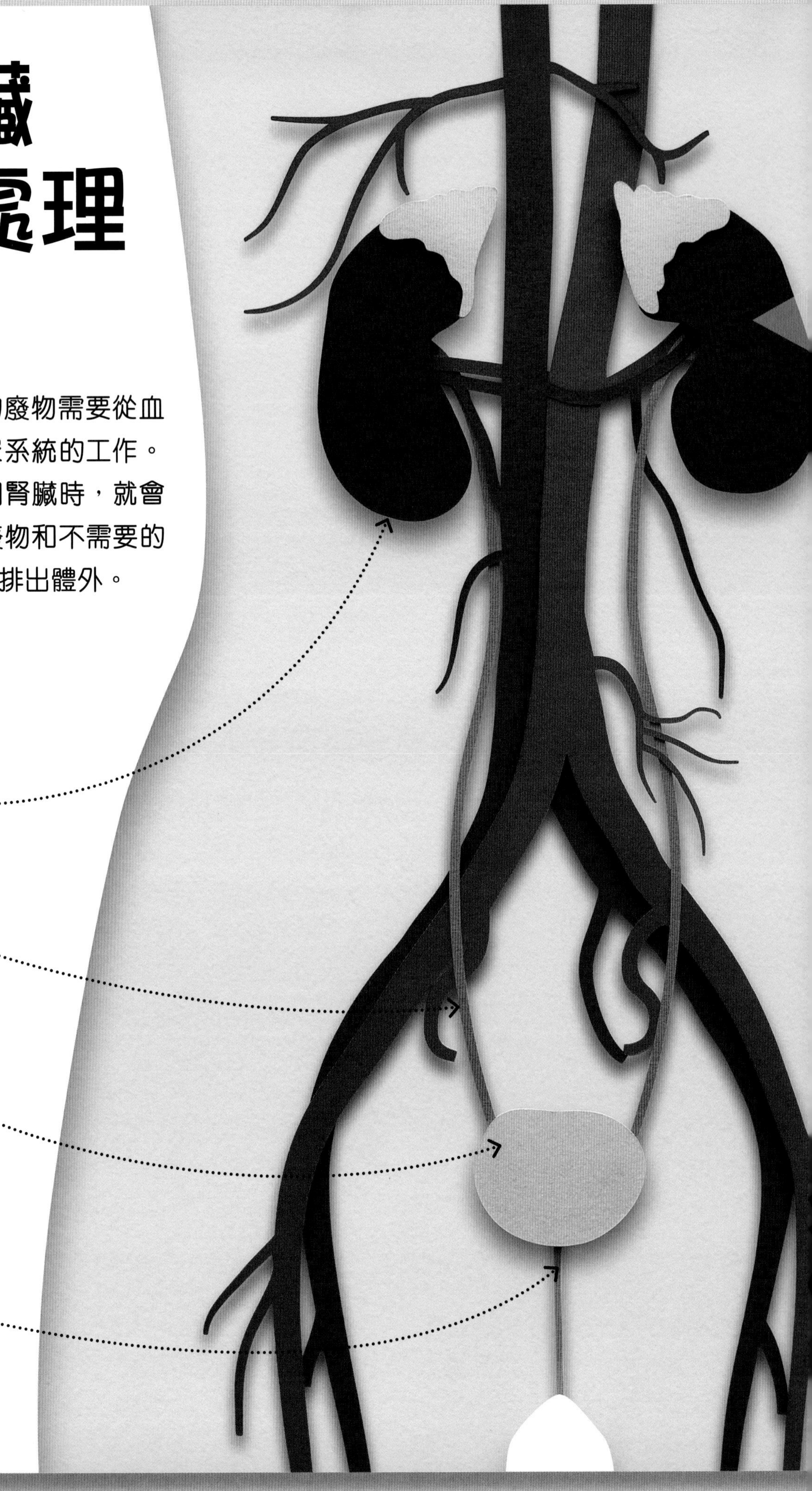

你的右腎，和跟它相對的左腎，能過濾血液，製造出尿液。

有一條稱為輸尿管的管道，負責把剛剛製造出來的尿液從腎臟輸送到膀胱。

你的膀胱是一個有彈性的囊狀物，用來儲存尿液，直到你準備好上廁所排尿。

另有一條稱為尿道的管子，當你想小便時，它會把尿液排出體外。

當液體通過這一束束的微絲血管時，它會離開血液。

這是其中一條動脈分支，負責把需要清洗的血液輸送到腎臟。

泌尿系統

你的泌尿系統是由兩個腎臟、兩條輸尿管、膀胱和尿道組成的。當血液流經腎臟時，液體會從中流出來。當這些液體流經數百萬個特殊的過濾器時，身體所需的物質(例如糖分)便會返回血液中，而剩餘的水和廢物則會以尿液的形式離開腎臟。

腎臟**每天**
可以從血液中
過濾180升
的液體。

透析機

當一個人的腎臟沒法正常地運作，他們的身體便需要連接到能夠清洗血液的機器。這台機器被稱為透析機。當血液從人體流經這台機器，並再次返回人體後，血液就能夠被過濾和清潔。假如沒有透析，那個人就會病得很重。

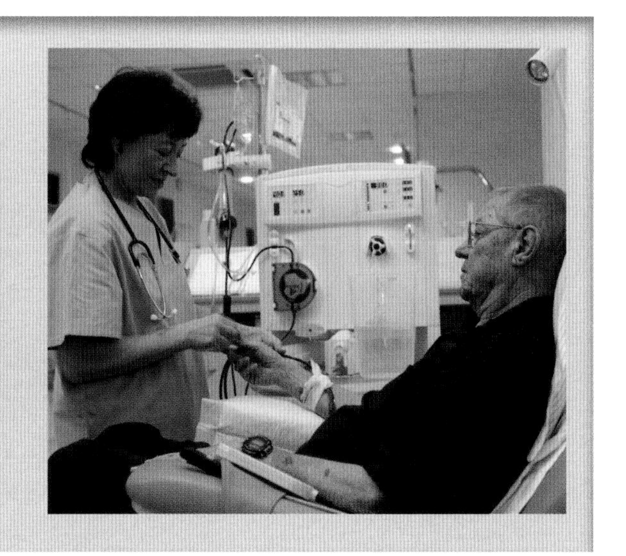

清空尿液的過程

你的兩個腎臟一整天都會產生一股穩定的涓涓細流 —— 尿液。假如沒有膀胱，尿液就會從身體裏流出來，讓生活變得非常不便。你的膀胱可以儲存尿液，然後每隔幾個小時，在你上廁所的時候，把它排出體外。

儲存和排放

當你的膀胱充滿尿液時，它會被撐大。膀胱底部有一條管子，稱為尿道，負責把尿液排出體外。尿道通常被肌肉關閉着，但當膀胱漲滿時，這些肌肉便會放鬆，使尿液流出來。

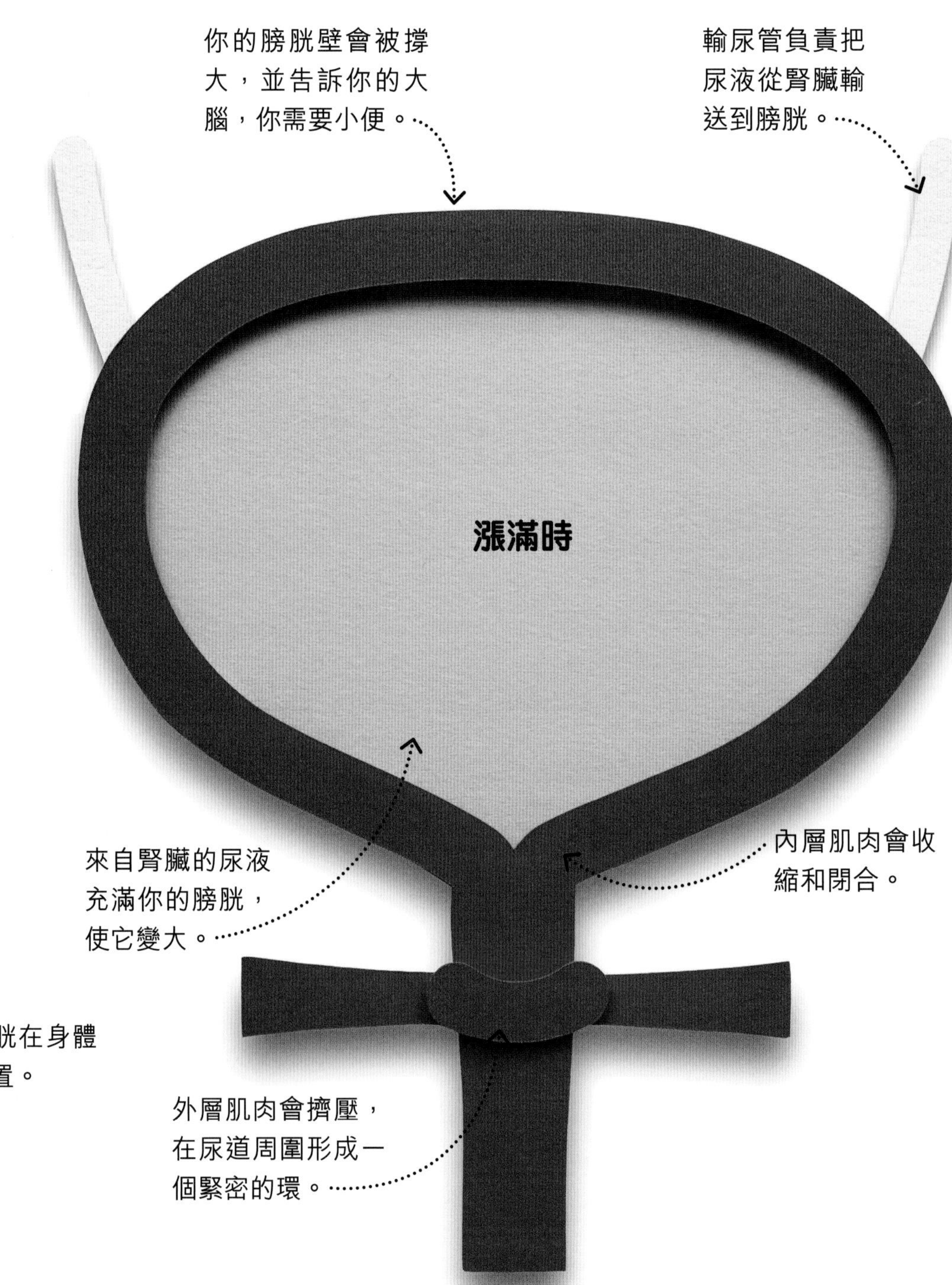
你的膀胱壁會被撐大，並告訴你的大腦，你需要小便。
輸尿管負責把尿液從腎臟輸送到膀胱。
漲滿時
來自腎臟的尿液充滿你的膀胱，使它變大。
內層肌肉會收縮和閉合。
外層肌肉會擠壓，在尿道周圍形成一個緊密的環。

這是膀胱在身體內的位置。

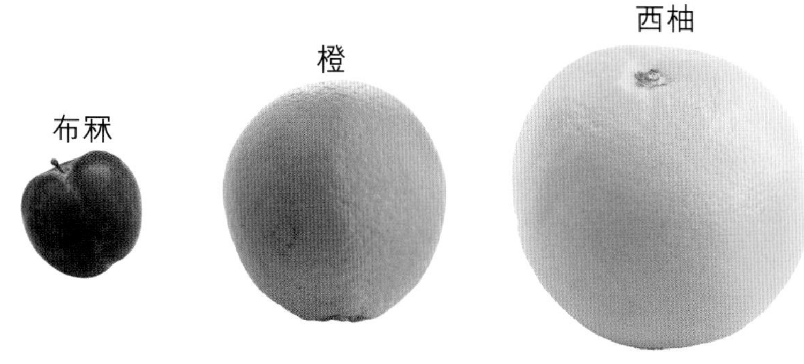
西柚
橙
布冧

超強彈力！

當膀胱漲滿時，它會變大，這是因為膀胱壁可以被撐大。當膀胱清空時，它只有一個布冧般大小。但隨着膀胱被撐大，它可以達至一個橙甚至一個西柚般大小。在這個時候，你就會覺得你真的非常需要去小便。

什麼是尿液？

尿液的主要成分是水，當中包含溶解於此水中的尿素和身體想要去除的其他物質等廢物。

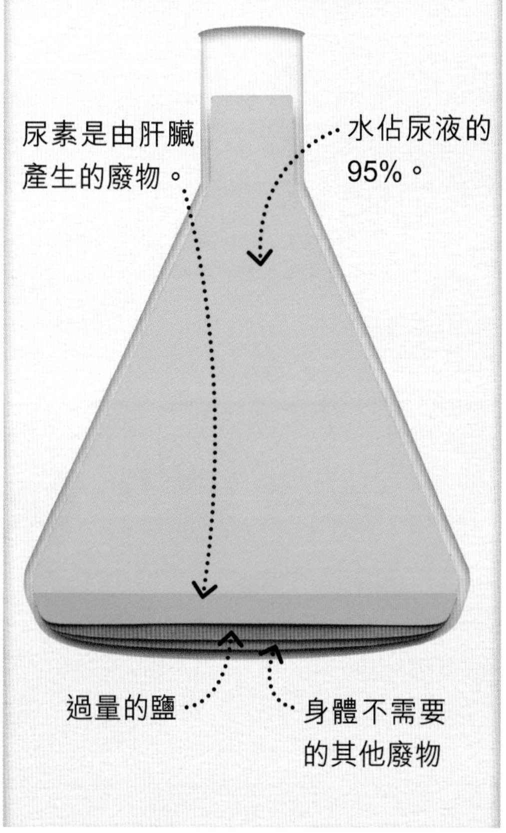
尿素是由肝臟產生的廢物。
水佔尿液的95%。
過量的鹽
身體不需要的其他廢物

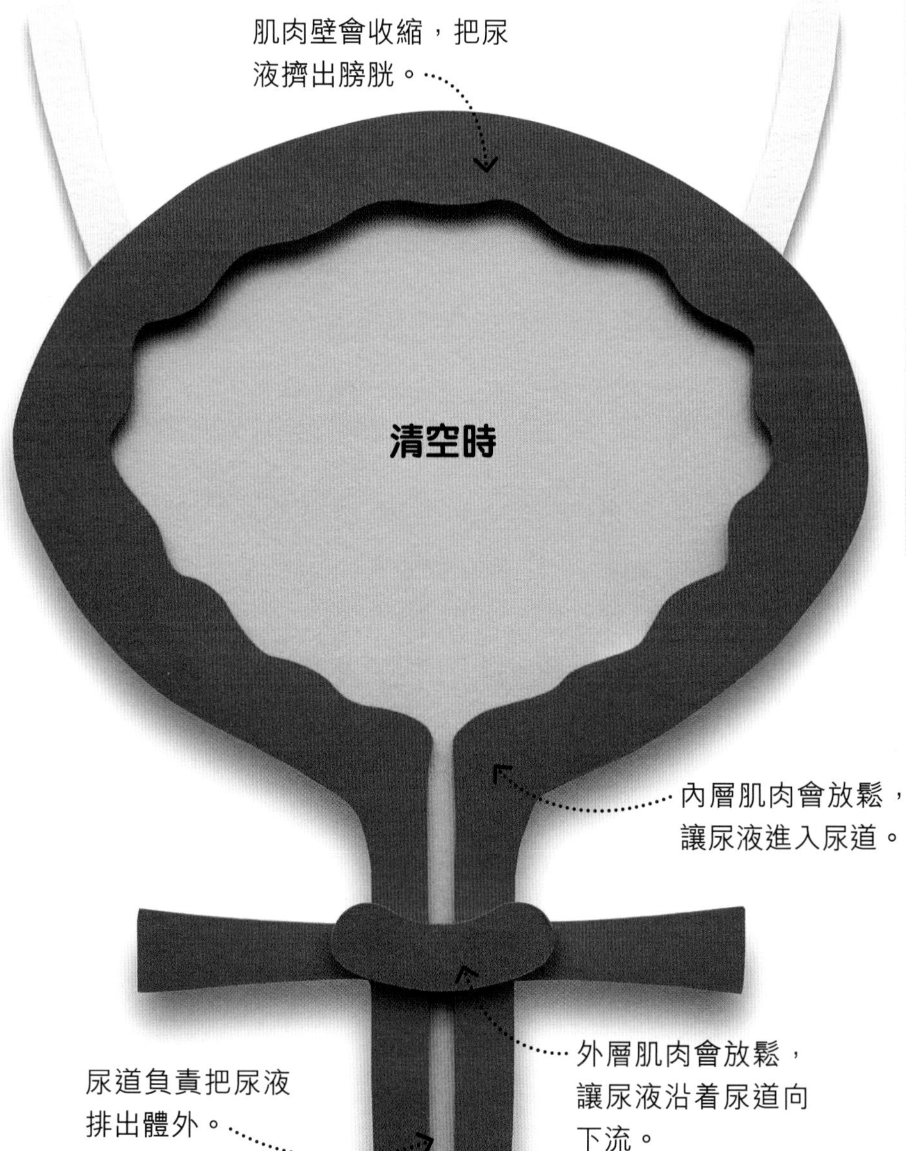
肌肉壁會收縮，把尿液擠出膀胱。
清空時
內層肌肉會放鬆，讓尿液進入尿道。
外層肌肉會放鬆，讓尿液沿着尿道向下流。
尿道負責把尿液排出體外。

一個人**每年所排放的尿液**足夠裝滿**兩個浴缸**。

補充生命之水

沒有水，你就活不下去了。它是細胞、組織和器官的重要組成部分。沒有水，它們都不能運作。你的腦部控制着你身體內的水分含量，所以它總是保持不變。

你的身體每天都會**流失大約1升的水**，足以裝滿一個大汽水瓶。

水的平衡

你的身體每天都會流失水分。每次喝或吃東西時，你就可以補充所流失的水分。你攝取的水分和流失的水分是經過精心平衡的。雖然身體內水分的變化取決於運動和其他因素，但下面的圖可以讓你更了解身體內的水分是如何達到平衡的。

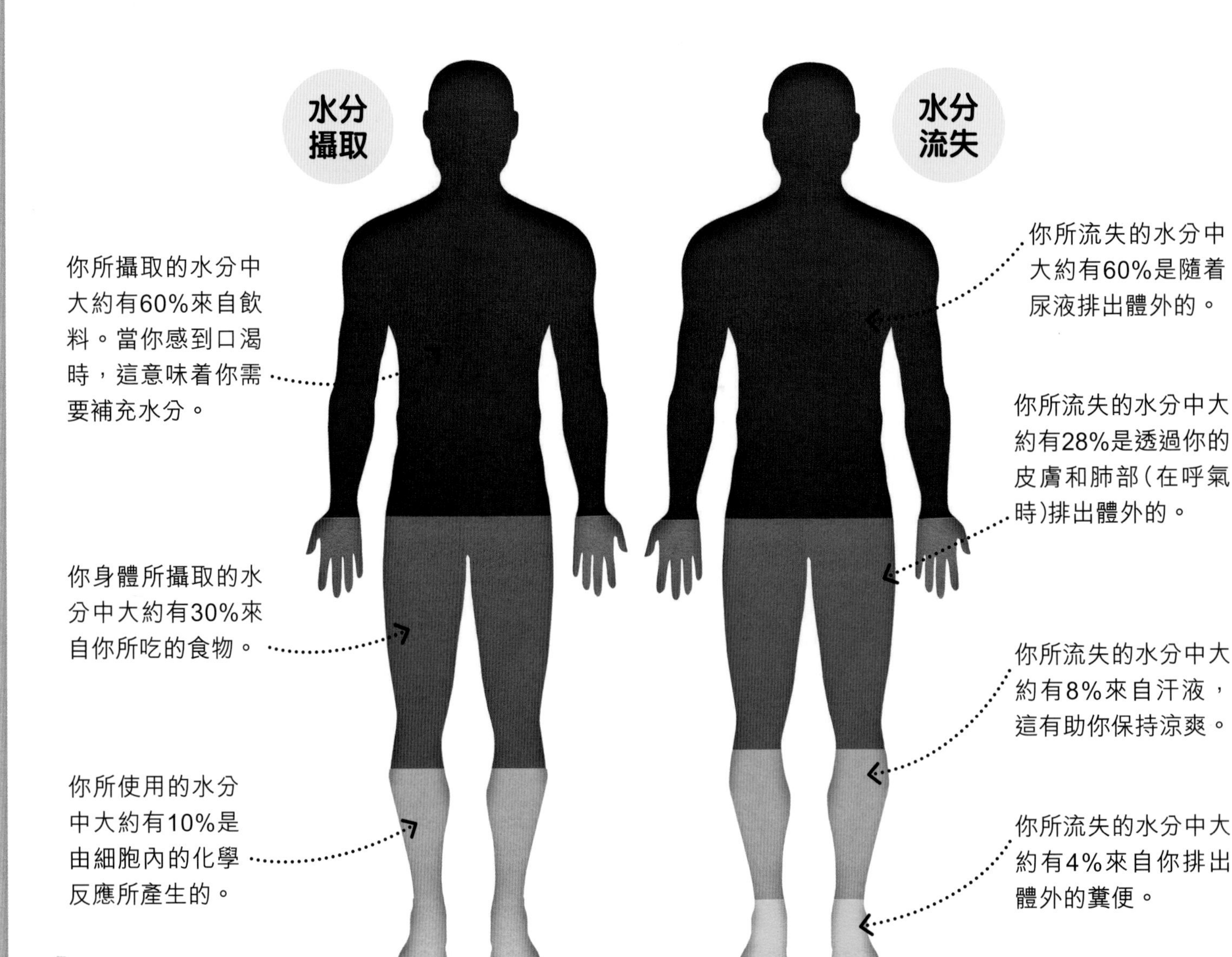

水分攝取
水分流失
你所攝取的水分中大約有60%來自飲料。當你感到口渴時，這意味着你需要補充水分。
你身體所攝取的水分中大約有30%來自你所吃的食物。
你所使用的水分中大約有10%是由細胞內的化學反應所產生的。
你所流失的水分中大約有60%是隨着尿液排出體外的。
你所流失的水分中大約有28%是透過你的皮膚和肺部(在呼氣時)排出體外的。
你所流失的水分中大約有8%來自汗液，這有助你保持涼爽。
你所流失的水分中大約有4%來自你排出體外的糞便。

你身體內的水分佔了多少？

在嬰兒的體重中，水分佔了高達74%或四分之三。隨着我們年齡的增長，身體內的水分就會減少。然而，它仍然佔一個年輕人體重的一半或更多。

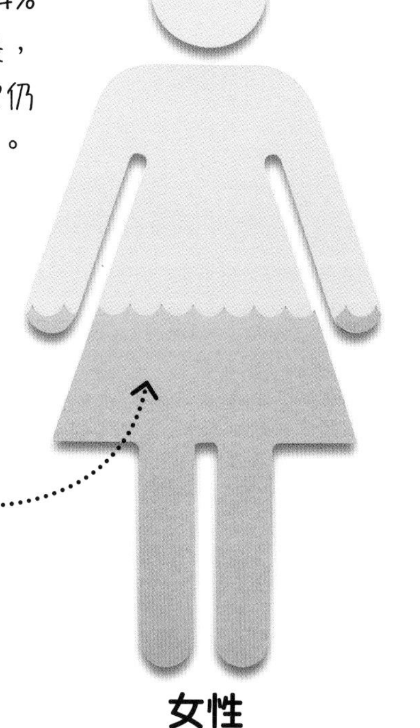

一個年輕女子的身體大約有50%是水分。

女性

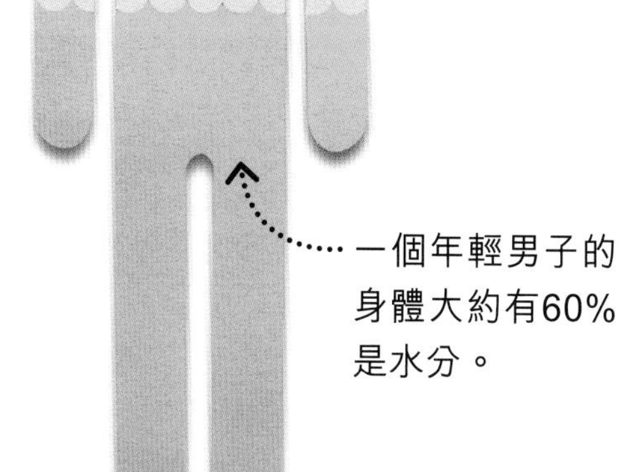

一個年輕男子的身體大約有60%是水分。

男性

做運動出一身汗！

當你快跑時，你的肌肉需要很努力地工作。它們所釋放出的額外熱量會讓你感到很熱和出汗。當水分從你的皮膚上流失時，就能讓你冷卻下來，使你的身體機器保持合適的溫度。但是，你必須補充因流汗而流失的水分。

水分含量高的食品

你可以從食物和飲料中獲取身體所需的水分，就算是最乾巴巴的餅乾也含有一些水分。水果和蔬菜的水分含量特別多。以下這些水果和蔬菜的水分含量都非常高，其中的青瓜和西瓜幾乎全是水分！

青瓜
大約含96%的水

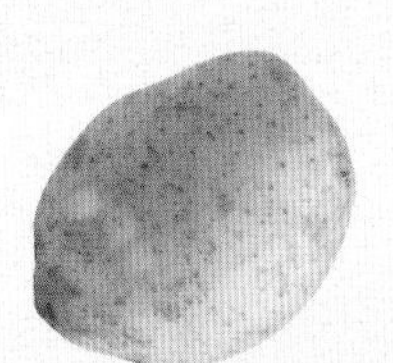

馬鈴薯
大約含79%的水

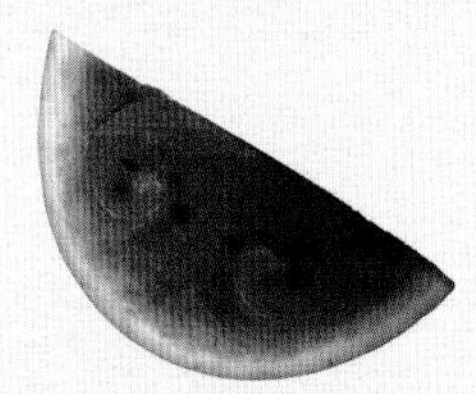

西瓜
大約含96%的水

士多啤梨
大約含92%的水

循環不息的
生命周期

我們每個人的生命都是以一個單細胞開始的。幾個月之後，這個微小的細胞就變成了一個嬰兒。經過多年，嬰兒會長大，最後長成了一個成年人。成年人可能會有自己的寶寶，一個新的生命周期又再開始。

生命的開始

要生育孩子，是需要一個女人和一個男人的。女人提供一顆卵子，與男人的精子結合。這就是你和所有其他人類的生命的起點了。

一顆卵子的旅程

每個月，女性生殖系統的一部分 —— 卵巢，都會排出一顆卵子，然後卵子會被輸送到子宮。如果那顆卵子在途中遇到了一個男人的精子，那麼它們兩個就會結合在一起，這個過程稱為受精。受精卵包含着生育嬰兒所需的所有指令。

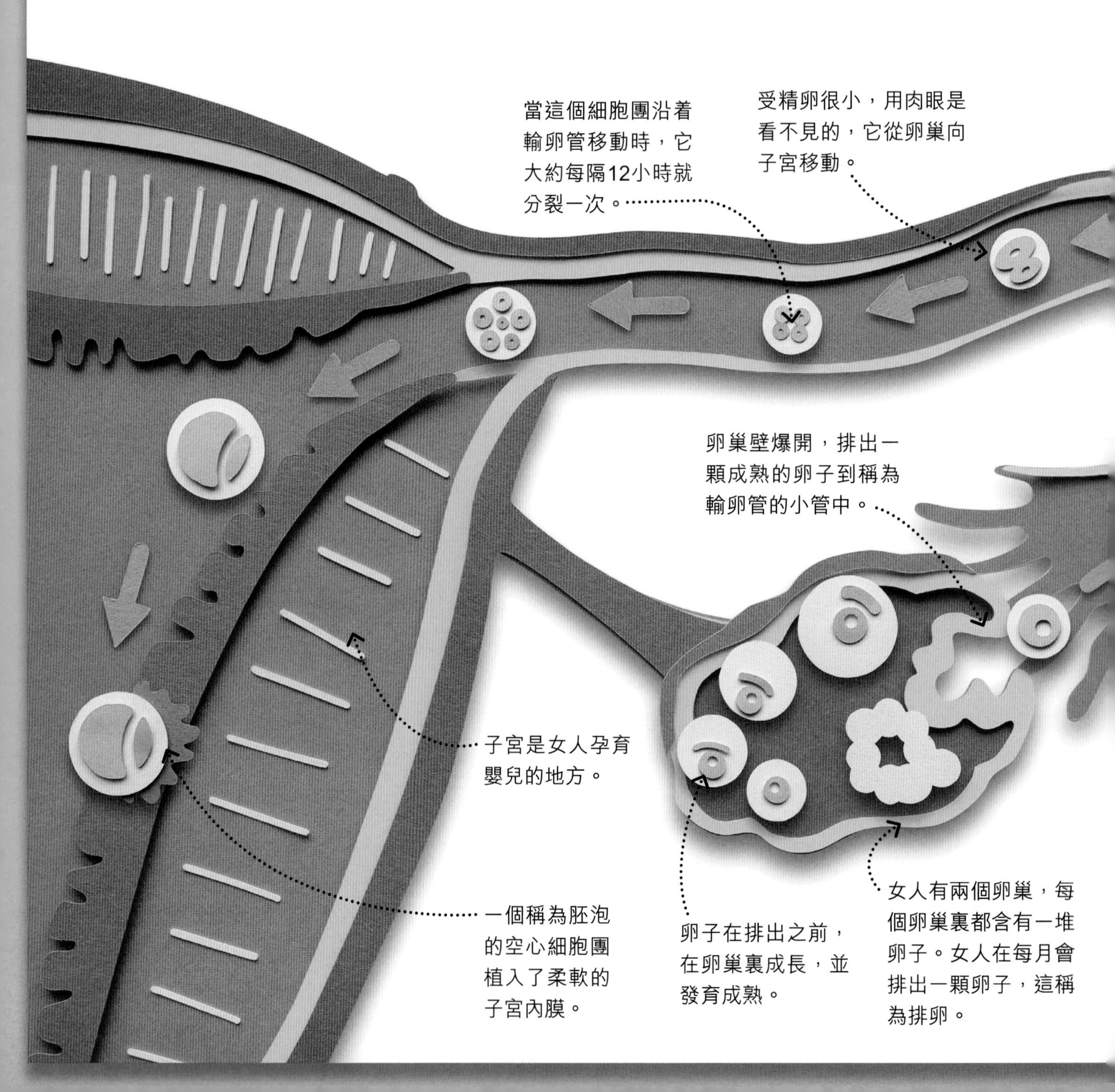
當這個細胞團沿着輸卵管移動時，它大約每隔12小時就分裂一次。
受精卵很小，用肉眼是看不見的，它從卵巢向子宮移動。
卵巢壁爆開，排出一顆成熟的卵子到稱為輸卵管的小管中。
子宮是女人孕育嬰兒的地方。
一個稱為胚泡的空心細胞團植入了柔軟的子宮內膜。
卵子在排出之前，在卵巢裏成長，並發育成熟。
女人有兩個卵巢，每個卵巢裏都含有一堆卵子。女人在每月會排出一顆卵子，這稱為排卵。

分裂和成長

在受精後的日子裏，受精卵一次又一次地分裂。一星期後，便形成了一個空心的細胞團。細胞團的內部會發育成胚胎，而胚胎最終會長大成嬰兒。

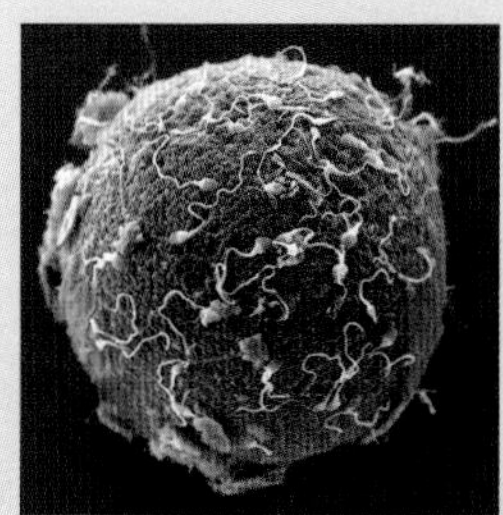
許多精子（藍色部分）包圍着一顆卵子，但只有一個精子能進入卵子，使它受精。

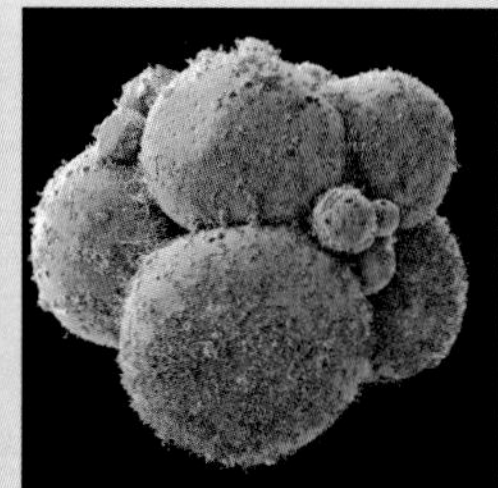
受精後的三天，受精卵已分裂了三次，並產生了8個細胞。

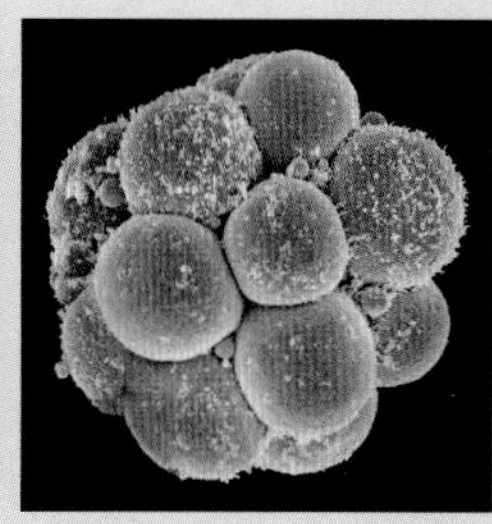
再過一天，細胞又分裂了兩次，形成了一團有16個細胞的細胞團。

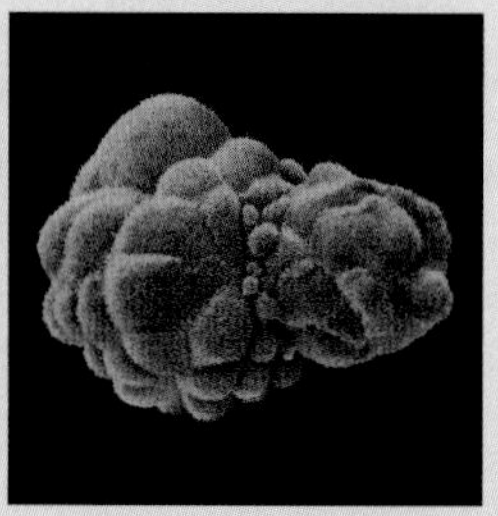
受精後的6天，所形成的細胞團會植入子宮裏。

許多精子會游向那顆卵子，但只有其中一個精子會使卵子受精。這個受精卵會分裂成兩個細胞。

被排出的卵子包含着孕育一個嬰兒所需的一半指令。

頭部包含稱為DNA的遺傳指令。

中間的部分提供移動尾部所需的能量。

尾巴左右擺動，使精子向前移動。

超級游泳健將

精子與其他身體細胞不同，它們看起來有點像極瘦的小蝌蚪。成年男人每天可以製造數以百萬計的精子。它們靠擺動尾巴來移動。許多精子游向一顆卵子，精子帶着孕育一個嬰兒所需的一半指令。

你和其他人的生命都**是以一個單細胞開始的**。

孕育生命

受精發生後的幾天，一個小小的細胞團就植入了子宮內。在接下來的九個多月裏，這個細胞團會逐漸發育成為一個嬰兒。我們把這段時間稱為懷孕。在懷孕期間，生長中的嬰兒會待在一個充滿液體的囊狀物內受到保護和保持溫暖。

發育中的胎兒

在嬰兒還沒出生之前，他(或她)被稱為胚胎，然後是胎兒。經過數周後，發育中的胎兒看起來越來越具人形。一條稱為臍帶的生命線負責把食物和氧氣從母親的血液中輸送給胎兒。

胎兒需要21周才能長到如香蕉般的長度和重量。

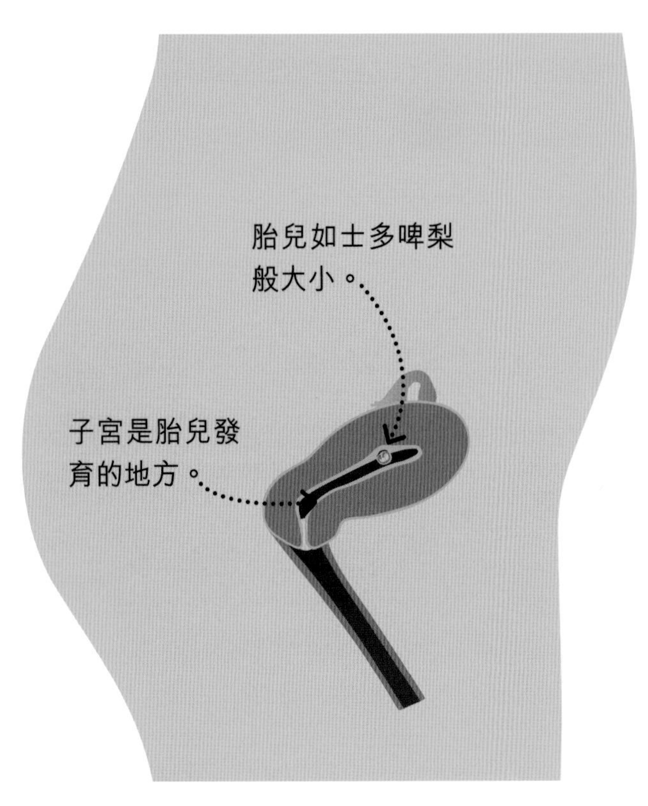

胎兒如士多啤梨般大小。
子宮是胎兒發育的地方。

8周

受精後8周，胎兒的主要器官已形成。其心臟會泵血，骨頭開始變硬，手臂和腿也已經長出來。

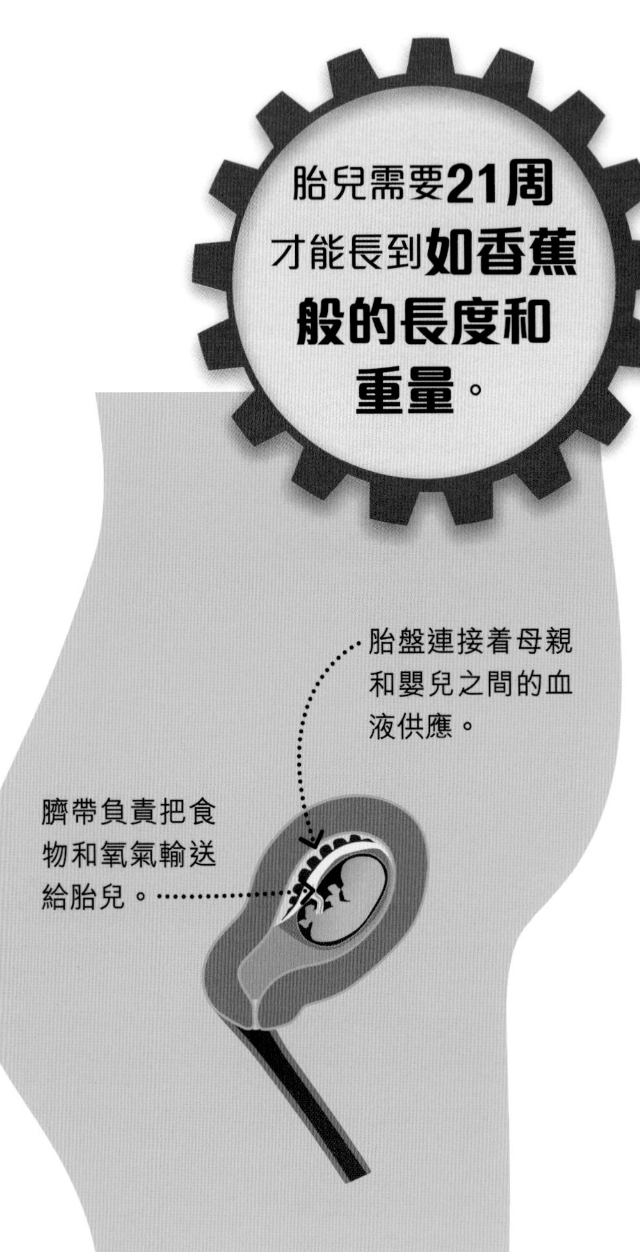

胎盤連接着母親和嬰兒之間的血液供應。
臍帶負責把食物和氧氣輸送給胎兒。

12周

現在的胎兒如檸檬般大小，看起來更具人形，而且眼睛長得更靠近一些。胎兒可以做出簡單的手臂和手部動作。腎臟能製造尿液。

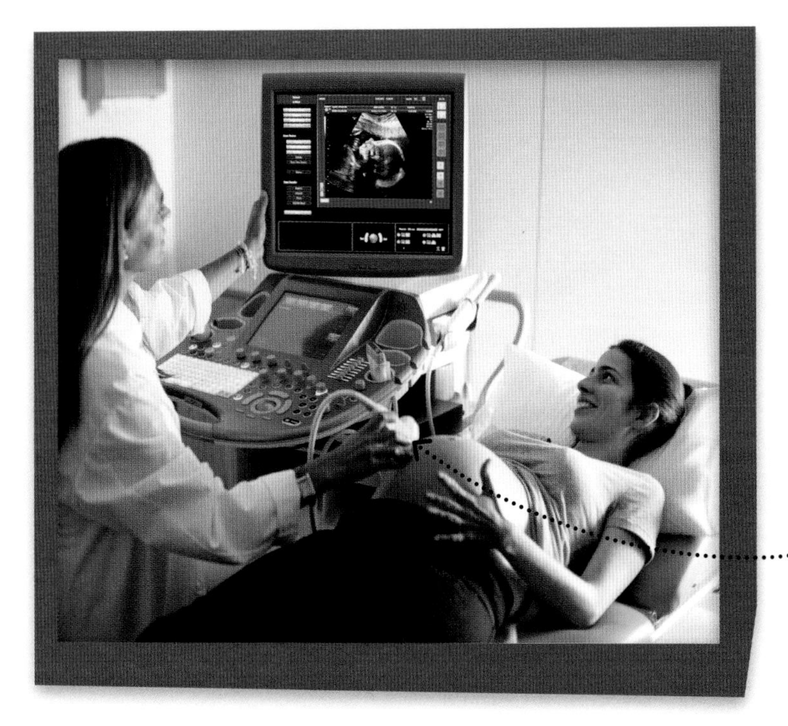

超聲波

醫生可以透過超聲波掃描來檢查胎兒是否發育正常。超聲波是一種非常高頻率的聲波，它是我們聽不到而且對我們無害的。聲波射入孕婦的子宮後，會以「回聲」反彈出來。這些「回聲」可以被轉化成會動的圖像顯示在熒幕上。我們通常在發育中的胎兒中看到的第一個器官，是大約在6至8周時的跳動的心臟。

當探測器把聲波發送到孕婦的子宮時，我們就可以在熒幕上看到來自胎兒的影像了。

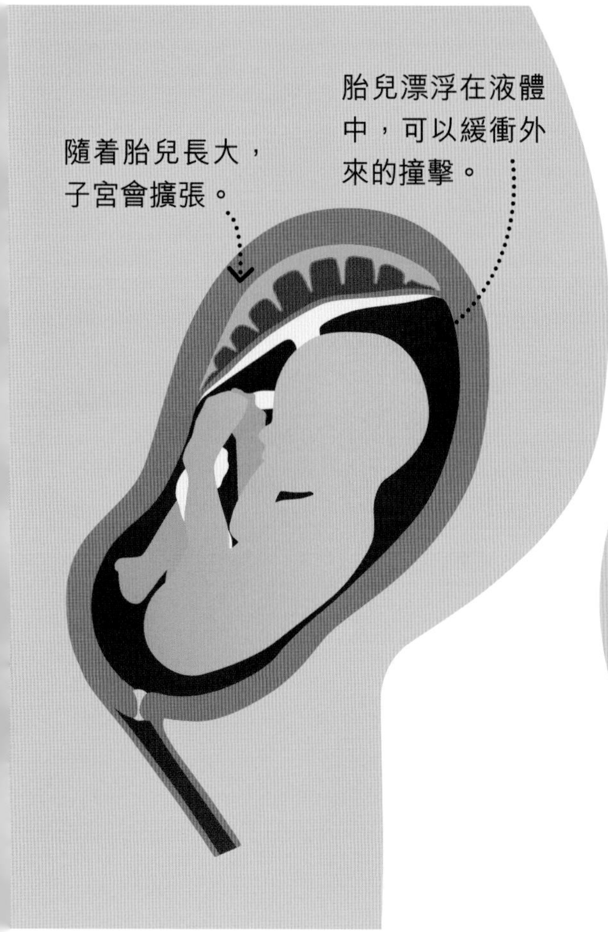

隨着胎兒長大，子宮會擴張。
胎兒漂浮在液體中，可以緩衝外來的撞擊。

在分娩時，子宮會擠壓，把嬰兒推出母體外。

嬰兒的頭部現在轉向下，準備出生了。

在分娩時，嬰兒會沿着一條稱為陰道的管子被擠出來。

24周

懷孕期已經過了一半時間，胎兒可以打哈欠並做鬼臉。胎兒對聲音有反應，母親可以感覺到他（或她）在踢腿。

40周

胎兒現在是一個發育完全的嬰兒了。其肺部發育良好，為嬰兒來到世界上的第一個呼吸做好準備。

長大成人

嬰兒出生後會快速地生長，並持續到頭兩年。慢慢地，孩子會變得更善於行動和思考，而且學會了解自己，並結交朋友。從大約11歲起，孩子開始變成青少年，進入一個人生的關鍵時期——青春期。這個時候的她（或他）會快速地成長，而且身體會改變形狀。

兒童發展

兒童會以不同的速度成長和發育，以下是從兒童到青少年的一些重要階段。

這個女孩可以用單腳站立並保持平衡。

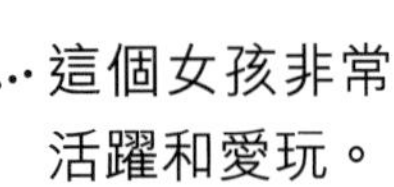

這個女孩非常活躍和愛玩。

這個男孩懂得學樂器的技巧。

5歲

這個孩子的身高已超過她成年後身高的一半。她能夠跟別人進行更有條理的對話，並開始閱讀和書寫。她會跑、會跳，還會踢球。

6歲

這個男孩會唱歌、講故事、騎單車、閱讀簡單的圖書和寫出自己的名字。他喜歡和朋友一起玩。

9歲

這個孩子能夠保持身體平衡。她會運動和跳舞，而且能仔細思考事情。她與朋友建立了牢固的友誼。

一個兩歲大的孩子每天可以學會**10個或更多的新字詞**。

這個男孩很強壯，有更多的自我意識，而且很獨立。

肌肉會進一步發展。

11歲以上

這個男孩現在正踏入青少年階段，即將成為一個成年人。他的說話和寫作能力都很好，記憶力也不錯。他喜歡團隊運動。

改變身體的形狀

當你還是個嬰兒的時候，你的頭部與身體的其他部分比較起來，是佔了很大的比例的。那是因為一開始的時候，你的腦部會生長和發育得非常迅速。在童年時期，你身體的其他部分會逐漸趕上，所以到了你十多歲的時候，你的身體比例看起來會像一個成年人。

頭與身的比例

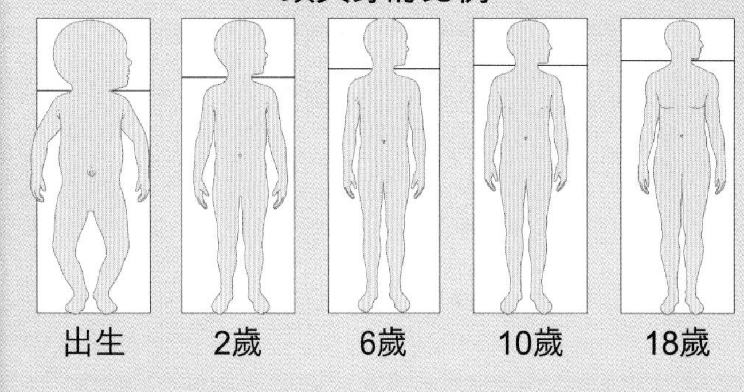
出生
2歲
6歲
10歲
18歲

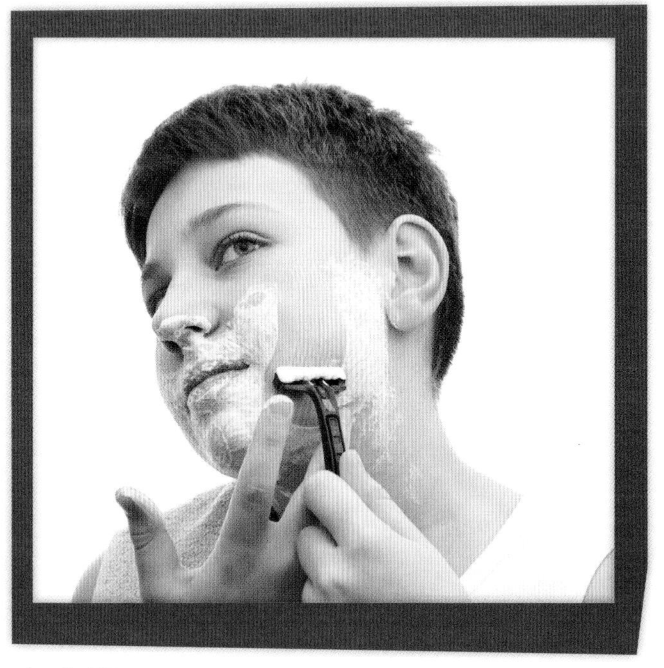

青春期

女孩在大約10至12歲，而男孩則在大約12至14歲的時候，身體的生長和發育迅速，生殖系統也開始工作，這個階段稱為青春期。男孩在青春期的其中一個特徵就是長出鬍鬚，所以他需要開始剃鬚。

逐漸衰老

隨着成長，人們的生理狀況會跟着改變。從兒童發育成為青少年，然後變成年輕的成年人。人們會隨着時間變得越來越老。當身體開始衰退時，它的機能會逐漸減慢。身體中的細胞不能很好地分裂，另有一些細胞會傾向死亡，使我們出現皺紋和變老。

身體的變化

以下是來自同一家族中不同輩分的四名女性：女兒、母親、外祖母和外曾祖母。她們顯示了隨着年齡的增長，身體所發生的變化。

十多歲
這個女孩幾乎已發育完全。從童年到成年之間的變化和發展稱為青少年時期。

三十多歲
這個女人的身體已經停止生長。她生了一個孩子。這個女人很強壯、健康和活躍。

五十多歲
這個女人開始衰老，例如關節僵硬、肌肉較弱。均衡的飲食和適當的運動有助她保持健康。

隨着年齡的增長，長者的頭髮會變成灰色或白色。這是因為它失去了一種稱為黑色素的物質，這種物質能賦予頭髮顏色。

皺紋

年紀越大，人們的皮膚會自然變得越來越皺巴巴，而且比年輕人的皮膚更薄和更乾燥。皮膚中保持它緊實和有彈性的微小纖維也會減少。所有這些因素結合起來，就使老年人出現了皺紋。

來自法國的珍妮．卡爾門（Jeanne Calment）一直**活到122歲**，是已知人類中年紀最大的一位。

下面這張X光照片是來自一名患有關節炎的老年人的手，它顯示了患者的手指骨向一側彎曲。

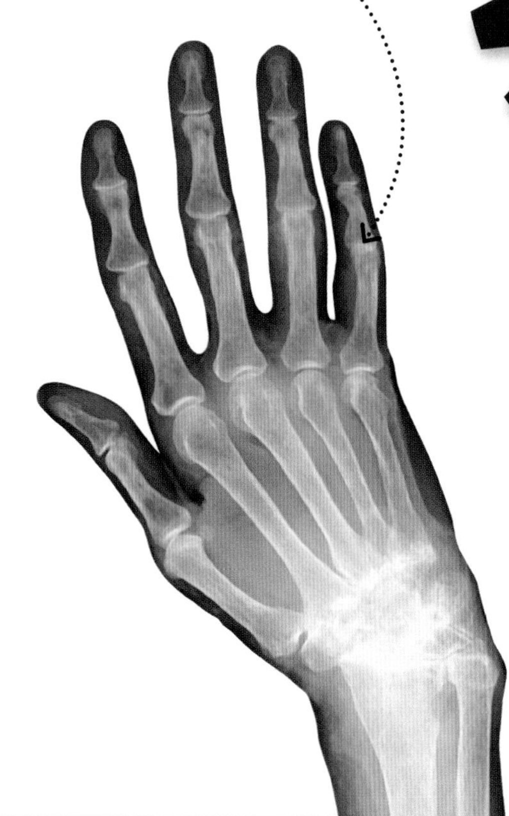

關節僵硬

人們的身體會隨着年齡的增長，變得越來越僵硬。有些人會患上關節炎。這是一種會影響關節的疾病，通常發生在手部、臀部和膝蓋。患者的關節會腫脹，而且會覺得很痛，令活動變得很困難。正如左面這張X光照片所顯示的，關節炎也會使患者的骨頭脫離它原來的位置。

七十多歲

這個女人的肌肉和骨頭雖然會比較弱，但她還是可以做一些溫和的運動，以保持健康和享受生活。

詞彙表

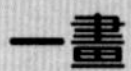

一畫

二氧化碳（carbon dioxide）
它是由身體細胞消耗能量時所產生的廢物，從肺部呼出來，進入到空氣中。

三畫

大腦（cerebrum）
這是腦部的其中一部分，負責管理思維、記憶、活動和感覺。

四畫

內分泌腺（endocrine gland）
它是一種器官。它所分泌的荷爾蒙會直接流入血液中。

心房（atrium）
心臟上半部分有兩個腔室，其中一個負責在每次心跳期間接收從肺部或身體而來的血液。

心室（ventricle）
心臟的主要泵血腔室，負責在每次心跳期間接收從心房而來的血液。

五畫

巨噬細胞（macrophage）
一種特定的白血球，負責吞沒外來的粒子和病菌。

平滑肌（smooth muscle）
很多器官內都有這種肌肉，包括腸道、血管和膀胱。它是有限度控制或不能讓你自主控制的肌肉。

六畫

肌腱（tendon）
一種堅韌的組織，連接着肌肉與骨頭。

耳蝸（cochlea）
位於耳朵深處的管狀結構，能偵測由聲波形成的振動，然後將它們轉化為電子信號傳送到腦部。

肌纖維（muscle fibre）
當肌肉收緊時會縮短的細長形的細胞。

血漿（plasma）
一種內含血細胞的液體。血漿裏面含有養分、荷爾蒙和廢物。

七畫

肝臟（liver）
身體內最大的器官，對過濾血液、處理廢物和毒素，以及幫助消化，都有重要的作用。

免疫系統（immune system）
抵抗外來病菌的系統，包括骨髓、白血球、脾臟等。

尿液（urine）
由腎臟製成的含水廢物（小便），在排出體外之前會儲存在膀胱中。

系統（system）
指一組相關的器官在一起工作，例如腎臟、輸尿管、膀胱和尿道組成了泌尿系統。

八畫

表皮（epidermis）
皮膚上層較薄的一層，可以防水、防菌，以及保護皮膚免受到陽光中有害射線的傷害。

染色體（chromosome）
存在於身體細胞核的23對長形DNA中。染色體包含了大部分指示細胞操作的指令。

乳突（papilla）
舌頭上細小的隆起物，負責偵測味道。

青春期（puberty）
當小孩開始長大成為年輕人時，身體出現變化的時期。

受精（fertilization）
指精子（男性細胞）和卵子（女性細胞）結合在一起，形成一個胚胎。

九畫

毒素（toxin）
指有害物質。有些細菌會釋放出毒素。

突觸（synapse）
兩個神經元（即神經細胞）末端之間的連接處，它們不會接觸但彼此很接近。化學物質攜帶着神經信號通過神經元之間的微小間隙。

胚胎（embryo）
發育中的嬰兒在器官還未完全成形時的名稱。

胎兒（fetus）
發育中的嬰兒在母親子宮內的名稱。

神經（nerve）
一束神經元，在腦部、脊髓和身體其他部位之間傳遞信息。

神經元（neuron）
構成神經系統（腦部、脊髓和神經）的數十億個神經細胞之一，能夠傳遞電子信號（又稱神經脈衝）。

十畫

氧氣（oxygen）
存在於我們周圍空氣中的氣體，讓我們能夠存活。它在需要能量來進行新陳代謝的過程中扮演重要的角色。

消化（digestion）
在胃部和腸道把食物分解成簡單成分，方便身體吸收養分的過程。

病毒（virus）
它是一組微小的入侵性病菌細胞。病毒會引起流感、水痘等疾病，但大部分在人體內的病毒都是無害的。

病菌（germ）
能引起人類疾病的極小的微生物（例如病毒或細菌）。

真皮（dermis）
皮膚下層較厚的一層，含有血管、汗腺和能偵測觸碰、疼痛、熱和冷等感覺的神經末梢。

脂肪（fat）
食物中的脂肪為身體提供能量，並使身體保持温暖。

脊椎骨（vertebra）
從頸到骨盆之間的細小骨頭，它們合組成了脊柱。

骨骼肌（skeletal muscle）
肌肉的一種，存在於腿部、手臂、面部和胸部，讓你可以活動身體。骨骼肌的活動通常是由自己控制的。

十一畫

動脈（artery）
它攜帶着較多氧氣的血液，是將血液從心臟輸送到身體組織的管道。

基因（gene）
DNA內包含指示不同細胞運作的指令。

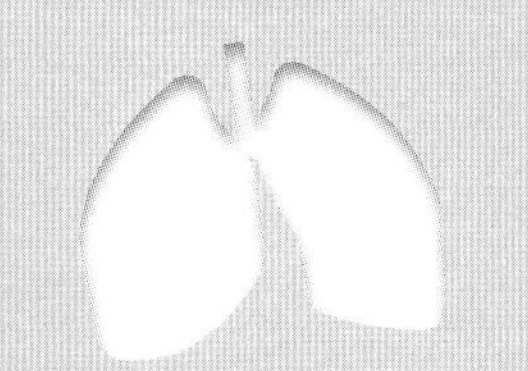
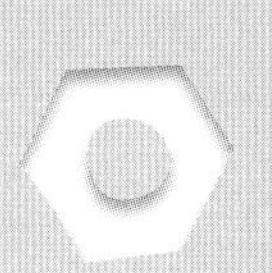

淋巴（lymph）
免疫系統中的液體帶有白血球，當中包括淋巴細胞。淋巴會沿着淋巴管流動。

細胞（cell）
這是數十萬億個建構人體的微觀生命單位。細胞結合起來可以形成身體組織。

細胞器（organelle）
細胞內一種微小的結構，而且具有特定的工作，例如線粒體。

細菌（bacteria）
一羣微小的生物。大部分細菌是有益的，但有些可能會導致疾病，例如食物中毒或喉嚨痛。

組織（tissue）
一組細胞在一起工作以完成一項任務。例如，肌肉組織包含了肌肉細胞。

脫氧核糖核酸（DNA）
由兩條連接的鏈狀體組成的物質，它們像扭曲的梯子一樣互相纏繞着，存在於每一個染色體中。

荷爾蒙（hormone）
在人體內扮演化學傳導物質的角色，能夠控制細胞的活動。

蛋白質（protein）
是人類飲食中的重要部分，在肉類、魚類、蛋類和堅果類都找到。蛋白質幫助身體生長和建構身體組織，包括肌肉。

軟骨（cartilage）
堅韌而有彈性的組織，在身體多處地方都可以找到，例如耳朵、鼻子、骨頭的末端和肋骨。軟骨能潤滑關節，使它們活動時更順暢。

十二畫

鈣（calcium）
一種存在於乳製品和蔬菜中的礦物元素，可以被人體用來製造骨骼、指甲和牙齒。

琺瑯質（enamel）
覆蓋着牙齒外層的最堅硬的物質。

超聲波（ultrasound）
一種使用人類聽不到的高頻聲波來產生身體內部的圖像的技術。

脾臟（spleen）
在胃部旁邊的器官，負責製造血細胞和協助免疫系統運作。

十三畫

腸（intestine）
從胃部末端到肛門的管道。

感受器（receptor）
在一個細胞內負責接收和偵測來自另一個細胞的化學信號的部分。

新陳代謝（metabolism）
一種化學過程的反應，例如為消化過程提供能量。

微絲血管（capillary）
把血液從動脈通過身體組織輸送到靜脈的小血管。

腺體（gland）
能製造有用物質，並分泌到身體內的器官。例如，唾液腺會分泌唾液。

葡萄糖（glucose）
血液中所攜帶的糖的類型，是人體細胞的主要能量來源。

十四畫

碳水化合物（carbohydrate）
一組物質的統稱，包括糖和澱粉，能為身體提供能量。

維他命（vitamin）
人體需要的維他命大約有13種，包括維他命A和C。你需要從食物中吸收少量這些物質，以確保身體保持健康。

酶（enzyme）
這種物質可以在消化過程中大幅增加分解食物營養的速度。

十五畫

養分（nutrient）
包括蛋白質、脂肪或維他命等物質，為細胞提供燃料，並作為身體生長和修復的材料。

線粒體（mitochondrion）
細胞內微小而複雜的粒體，負責釋放出能量。

十六畫

器官（organ）
由特定細胞所構成的身體部位，例如心臟、腎臟、胃部或肺部。

橫隔膜（diaphragm）
把胸部和腹部分隔開來的大肌肉，主要是幫助我們的呼吸。

靜脈（vein）
它攜帶着較少氧氣的血液，是將血液從身體組織輸送到心臟的血管。

十七畫

糞便（faeces）
在消化食物之後剩下的固體廢物，裏面含有大量死細胞和細菌。

膽汁（bile）
由肝臟製造的液體，儲存於膽囊中。膽汁含有的酶，對消化食物有重要的作用。

十九畫

關節（joint）
骨骼的一部分，是骨頭之間相遇的地方。大部分關節是可以自由活動的。

二十畫

礦物質（mineral）
指一些物質，例如鐵和鈣。你需要吸收少量這些物質，以保持身體健康。

蠕動（peristalsis）
肌肉以一收一放所形成的波浪，推動食物、細胞或液體通過身體內不同的管道。

二十四畫

鹼基（base）
構成一部分DNA的四種物質之一。就像英文單詞中的字母一樣，鹼基可以拼寫出建構和操作細胞所需的指令。

其他

X光（X-ray）
一種使用輻射來產生身體裏固體組織（例如骨頭）的圖像的技術。X光片能顯示身體內部的損傷或疾病。

索引

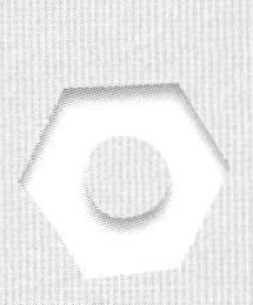

八畫

九畫

十畫

十一畫

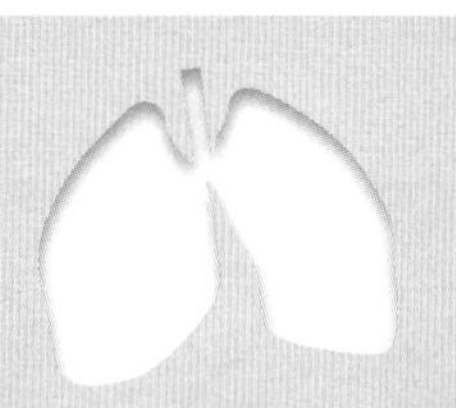
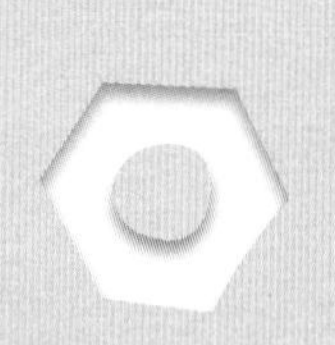

十二畫

十三畫

十四畫

十五畫

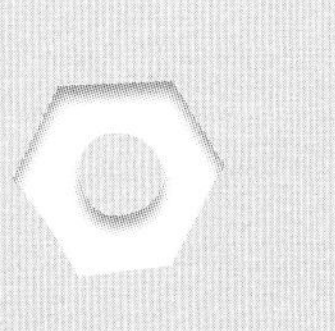

十六畫

十七畫

十八畫

十九畫

二十畫

二十一畫

二十二畫

二十三畫

二十四畫

二十五畫

其他

鳴謝

The Publisher would like to thank the following people for their assistance in the preparation of this book: Helen Peters for the index; Polly Goodman for proofreading; Cecile Landau for editorial assistance; Clare Joyce and Molly Lattin for additional design.

Picture Credits:
The publisher would also like to thank the following for their kind permission to reproduce their photographs:

(Key: a-above; b-below/bottom; c-centre; f-far; l-left; r-right; t-top)

123RF.com: parinya binsuk / parinyabinsuk 89tl; Anna Grigorjeva / candy18 48; pat138241 119cr; Alexander Raths / alexraths 121tc; Oksana Tkachuk / ksena32 88br; Andrii Vergeles / vixit 65cr. **Alamy Stock Photo:** Olaf Doering 107br; David Ponton / Design Pics Inc 49tr; WILDLIFE GmbH 88-89b. **Dorling Kindersley:** Sarah Ashun 103fcla; Neil Fletcher 88cb; Tim Parmenter / Natural History Museum 21bc; Martin Richardson / Rough Guides 50clb; 50bl. **Dreamstime.com:** Exopixel 119crb; Rawpixelimages 12-13; Tetiana Zbrodko / Taratata 88fbl. **Fotolia:** Flying Wizard 49c; Zee 88cr. **Getty Images:** Francesco Buresta / EyeEm 43br; Corbis / VCG 117tl; FatCamera / E+ 111cl; Steve Gschmeissner / SPL / Science Photo Library 97cr; Image Source 11bl; Image Source / DigitalVision 32-33; Jose Luis Pelaez Inc / Blend Images 120-121; Rubberball / Chris Alvanas 118cb; Science Photo Library 59br, 78bl; Science Photo Library - Miriam Maslo 121bc; Science Photo Library - Steve Gschmeissner / Brand X Pictures 99bc. **David Peart:** 75tr. **Science Photo Library:** 11tc, 35bc, 67br; AMI Images / NIAID 84cl; Juergen Berger 85bl; Dr. Tony Brain 85tl; Pr. Michel Brauner / ISM 25bc; Scott Camazine, Sue Trainor 28-29; Thomas Deerinck, NCMIR 43bc; Eye of Science 115tl; GJLP 31cr; Steve Gschmeissner 15tr, 15ca, 53tr; Ted Kinsman 15tc, 27tl; Leonard Lessin 51tr, 51cra; Maximilian Stock Ltd 102-103; Microscape 35bl, 35fbl; Prof. P. Motta / Dept. of Anatomy / University "La Sapienza", Rome 26bl; National Cancer Institute 64-65; Dr. Yorgos Nikas 115tc, 115tr, 115ftr; Susumu Nishinaga 107tl; Martin Oeggerli 37tr; David M. Phillips 15crb; Power and Syred 15cra; David Scharf 18clb, 88tr; Sovereign, ISM 47cr, 47crb; Richard Wehr / Custom Medical Stock Photo 83bc; Zephyr 45tr.

All other images © Dorling Kindersley
For further information see: www.dkimages.com